"十三五"职业教育国家规划教材

高等职业教育机电类专业系列教材

机电设备管理与维护技术

主　编　王　琳

参　编　尤富仪　刘德华

主　审　张国军

西安电子科技大学出版社

内 容 简 介

本书包含机电设备管理技术基础、机电设备维护与保养基础知识及机电设备维护与保养案例三大模块。其中，第一个模块包含设备管理发展概况及工作任务、设备管理的基础工作、设备管理的内容等项目；第二个模块包含机电设备发展概况、机电设备的使用与维护等项目；第三个模块包含数控机床的维护与保养、激光切割机的维护与保养、激光标刻机的维护与保养、电梯的维护与保养、工业机器人的维护与保养等项目。

本书各项目的案例均来自与职业岗位活动紧密相关的企业生产管理一线，注重体现新知识、新技术。通过本书的学习，能加深学生对专业知识与岗位技能的理解，培养其综合职业能力，为后续专业学习与发展打好基础。

本书可作为高等职业教育机电大类专业教材，也可作为职业教育骨干教师培训教材。

图书在版编目(CIP)数据

机电设备管理与维护技术/王琳主编. －西安：
西安电子科技大学出版社，2018.6(2022.4 重印)
ISBN 978 - 7 - 5606 - 4865 - 1

Ⅰ. ①机… Ⅱ. ①王… Ⅲ. ①机电设备－设备管理 ②机电设备－维修 Ⅳ. ①TM

中国版本图书馆 CIP 数据核字(2018)第 025440 号

策划编辑 李惠萍 秦志峰
责任编辑 王 妍 阎 彬
出版发行 西安电子科技大学出版社(西安市太白南路 2 号)
电 话 (029)88202421 88201467 邮 编 710071
网 址 www.xduph.com 电子邮箱 xdupfxb001@163.com
经 销 新华书店
印刷单位 陕西日报社
版 次 2018 年 6 月第 1 版 2022 年 4 月第 4 次印刷
开 本 787 毫米×1092 毫米 1/16 印张 15.5
字 数 368 千字
印 数 6001～9000 册
定 价 35.00 元
ISBN 978 - 7 - 5606 - 4865 - 1/TM
XDUP 5167001 - 4

前言

QIANYAN

"机电设备管理与维护技术"课程是高等职业技术教育机电一体化技术专业的一门专业平台课程。通过对本课程的学习，学生应能掌握机电设备管理和维护保养的相关知识，具备生产一线常用机电设备管理和维护保养的基本职业能力，进一步提升职业岗位综合能力和职业素养。

本课程依据江苏省五年制高等职业教育机电一体化技术专业指导性人才培养方案设置，其总体思路是：突破学科体系模式，突出以就业为导向，联合行业专家对机电技术应用专业及其职业群进行工作任务和职业能力分析，以此建立"工作实践为主线，项目课程为主体"的课程体系；坚持以能力为本位，从专项能力需要出发，设定职业素质培养目标，培养学生的岗位能力。

本课程包含了机电设备管理技术基础、机电设备维护与保养基础知识及机电设备维护与保养案例三大模块。每个模块由若干个应用型的项目组成，每个项目均由若干个典型的工作任务组成。教学过程中要通过校企合作、校内实训基地建设等多种途径，采取工学结合形式，充分开发利用学习资源，给学生提供丰富的实践机会。教学效果评价采取过程评价与结果评价相结合的方式，坚持"在评价中学"的理念，通过理论与实践相结合，重点评价学生的职业能力。

在本书的编写过程中，典型案例和项目的选择均来自与职业岗位活动紧密相关的企业生产管理一线，内容侧重新知识、新技术、新工艺、新方法。学生通过对典型案例的学习和对项目任务的实践，可加深对专业知识与岗位技能的理解与掌握，培养综合职业能力，满足职业生涯发展的需要，为后续学习与发展打好基础。

本书的编写分工为：江苏联合职业技术学院连云港工贸分院王琳编写模块一、模块二，以及模块三的项目二、项目三和项目五；江苏联合职业技术学院盐城机电分院刘德华编写模块三的项目一；江苏联合职业技术学院连云港工贸分院尤富仪编写模块三的项目四。全书由王琳主编，江苏联合职业技术学院盐城机电分院正高级讲师张国军主审，江苏职业技术学院常州刘国均分院王猛教授对初稿提出了宝贵的修改建议，在此一并表示衷心的感谢。

由于编者水平有限，书中疏漏之处在所难免，敬请读者批评指正。

编　者
2017 年 12 月

目录
MULU

模块一　机电设备管理技术基础

模块二　机电设备维护与保养基础知识

模块三　机电设备维护与保养案例

模块一

机电设备管理技术基础

项目一 设备管理发展概况及工作任务

设备通常指可供人们在生产中长期使用，并在反复使用中基本保持原有实物形态和功能的生产资料和物质资料的总称。凡是经过加工制造，由多种材料和部件按照各自用途组成的具有生产加工、动力、传送、储存、运输、科研等功能的机器、容器和其他机械等，都统称为设备。设备管理中的设备指的是实际使用寿命在一年以上，在使用中基本保持其原有实物形态，单位价值在规定限额以上，且能独立完成至少一道生产工序或者提供某种功能的机器、设施以及维持这些机器、设施正常运转的附属装置。

任务一 设备管理科学的发展

设备存在于社会各个领域和国民经济各部门。没有机器设备就没有企业。机器设备是生产的骨骼和肌肉，属于生产工具。生产工具是人类社会改造自然的能力的物质标志。生产工具的发展也代表着人类社会的发展历程。

 学习目标

- 掌握设备管理的重要性；
- 了解设备管理发展史的三个时期及每个时期的特点；
- 了解我国设备管理的发展。

任务描述

通过学习设备管理科学的发展史，理解设备管理的重要性，并通过网络等手段充分了解设备管理学中各国的发展情况，了解我国在本学科与发达国家的差距；通过实地考察企业的设备管理制度，了解设备管理目前的情况。

 知识链接

设备管理是随着工业生产的发展、设备现代化水平的不断提高，以及管理科学和技术的发展而产生、发展起来的一门学科。

一、设备管理

设备管理是指对设备从选择评价、正确使用、维护修理、更新改造和报废处理等全过程进行综合管理，使设备寿命周期费用最经济，最大限度地发挥设备的效能。设备寿命周期是指设备发生费用的整个时期，即从规划决策、设计制造或者选型采购、安装验收、初期管理、使用维修、改造更新到报废处理为止的全过程。

设备管理是把技术、经济和管理等因素综合起来，对设备进行全面研究的科学。因此，我们可以把设备管理问题分为技术、经济、管理三个侧面。图 1-1-1 表示了三者之间的关系以及三个侧面的主要组成因素。

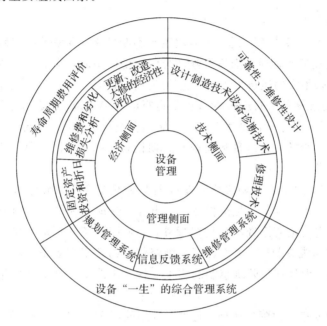

图 1-1-1　设备管理的三个侧面及其关系

设备有两种形态：实物形态和价值形态。在整个设备寿命周期，设备都处于两种形态之中。对应于设备的两种形态，设备管理也有两种方式，即实物形态管理和价值形态管理。只有把两种形态管理统一起来，并注意不同的侧重点，才可实现在输出效能最大的条件下使设备的综合效率最高。

二、设备管理的发展史

自人类使用机械以来，始终伴随有设备的管理工作。从简单落后的设备到复杂先进的设备，设备管理从凭操作人员经验行事到成为一门独立的学科，一共经历了四个阶段。

1. 事后维修阶段

事后维修是机器设备发生故障后，或者设备的精度、性能降低到合格水平以下时进行的非计划性修理。工业革命前，以手工作业为主，生产规模小，技术水平低，使用的设备和工具比较简单，维修工作由生产工人实施，为兼修时代。18 世纪末到 19 世纪初，随着企业机器生产规模的不断扩大，机器设备采用的技术日益复杂，维修机器的难度与消耗的费用也日渐增加，维修工作逐渐由专职的维修人员进行，为专修时代。这一阶段的表现形式主要为事后修理机器，因而叫事后维修阶段。

事后维修能提高设备的利用率，减少设备的停机时间。但若设备发生故障，就会给施工生产造成很大影响，给修理工作造成一定的困难，特别是一些重要设备、连续运行的设备和地处偏远工地的设备发生故障后带来的损失更为严重。

大多数的事后维修只是对发生故障的部位或零件进行修理，而不是对整台设备进行全面检修，就好像消防队一样，哪里有火就到哪里，因而设备经常连续出现故障。

事后维修方式被普遍采用，但这也是一种被动的维修方式，适宜于一些设备和发生故障后对正常生产影响小，能及时提供备件，并且修理技术不复杂、利用率不高的设备。

2. 预防维修阶段

20世纪以来，科学技术不断进步，工业生产不断发展，设备的技术水平越来越高。由于因机器设备发生故障或者损坏而停机修理会引起生产中断，使企业不能进行正常的生产活动，会给企业带来很大的经济损失，且这种经济损失不容忽视，于是美国首先提出"预防维修"的概念。预防维修是指对影响设备正常运行的故障采取"预防为主""防患于未然"的措施，即加强维护保养，预防故障发生，尽可能地多做预防维修，降低停工损失费用和维修费用。预防维修的主要做法是以日常检查和定期检查为基础，并从中了解设备状况，以此为依据进行修理工作。

苏联随后也提出了"计划预防维修制度"，即以修理复杂系数和修理周期结构为基础的维修制度。该制度按待修设备的复杂程度制定出各种修理定额作为编制预防性检修计划的依据，除了对设备进行定期检查和计划修理外，还强调设备的日常维修，并进一步发展确立规程化技术维护与维修制度，大大提高了维修作业的效率和质量，减少了设备因突发故障造成停机的损失。但计划预防维修制的实施支柱并未改变，即按照修理周期结构和维修复杂系数进行维修。

由于这种修理安排在故障发生前，是可以计划的，所以也叫计划预修。

3. 设备系统管理阶段

1954年美国通用电气公司提出了"生产维修"的概念，强调系统地管理设备，对关键设备采取重点维护政策，以提高企业综合经济效益。

20世纪50年代末，美国企业界又提出设备管理"后勤工程学"的观点，即设备在设计阶段就开始考虑其可靠性、维修性及其必要的后勤支援方案。设备出厂后，在资料、技术、检测手段、备件供应以及人员培训等方面为用户提供良好周到的服务，使用户达到设备寿命周期费用最经济的目标。自此，设备管理从维修管理转为设计和制造的系统管理，设备管理进入新阶段。

4. 设备综合管理阶段

设备综合管理是根据企业生产经营的宏观目标，通过采取一系列技术、经济、管理措施，对设备的"一生"进行管理，以保持设备良好状态并不断提高设备的技术素质，保证设备的有效使用并获得最佳的经济效益。

设备综合管理的两个典型分别是英国丹尼斯·帕克斯提出的"设备综合工程学"和以此为基础由日本提出的"全民生产维修制(Total Productive Maintenance，TPM)"，二者分别以设备寿命周期费用最经济和综合效率为目标。

三、我国设备管理的发展史

那么我国设备管理的发展情况怎么样呢？

1. 经验管理阶段(1949—1952 年)

从 1949 年到第一个五年计划开始之前的 3 年经济恢复时期,我国工业交通企业一般都沿袭旧中国的设备管理模式,采用设备坏了再修的做法,处于事后维修阶段。

2. 科学管理阶段(1953—70 年代)

1953 年,我国第一个五年建设计划开始实施。当时,在苏联的援助下,我国开展了以 156 个重点项目为中心的大规模经济建设,同时也全面引进了苏联的设备管理制度。我国根据"计划预修制"的模式建立各级设备管理组织,培训设备管理人员和维修骨干,按照修理周期结构安排设备的大修、中修、小修,推行"设备修理复杂系数"等一整套技术标准定额,把我国的设备管理从事后维修推进到定期计划预防修理阶段。由于实行预防维修,设备的故障停机率大大减少,有力地保证了我国工业骨干建设项目的顺利投产和正常运行。

后续在"以预防为主,维护保养和计划检修并重"方针的指导下,广大职工还创造了"专群结合""专管成线""群管成网""三好四会""润滑五定""定人定机""分级保养"等一系列具有中国特色的好经验、好办法,使我国的设备管理与维修工作在"计划预修制"的基础上有了重大的改进和发展。

3. 现代管理阶段(20 世纪 80 年代至今)

20 世纪 60 至 70 年代是世界经济迅速发展的时期,同时,国际上设备管理的理论与实践也出现了重大发展。党的十一届三中全会制定了改革开放的基本路线,为我国发展经济开创了一个崭新的历史时期。

在党的基本路线指引下,一些企业和行业率先起步,引进国外现代设备管理的理论和方法,探索赶上国际先进水平的途径。比如,1979 年 9 月机械工业部在长春第一汽车厂召开现场会,推广该厂试行日本"全员生产维修(TPM)"的经验;同年 10 月,机械工业部又派人去印度参加 1979 年国际设备工程会议,了解国外设备管理的发展状况。从 1979 年至 1982 年,该部先后在长春、株洲、银川、北京等地举办企业设备科长学习班,介绍英国设备综合工程学、日本 TPM 等现代设备管理理论和方法,并组织一批企业试点推行,摸索经验。航空工业部从 1980 年开始连续举办设备综合管理培训班,用 3 年时间把其所属企业的设备副厂长、总工程师、机动科(处)长轮训了一遍。航空工业部编译出版的《国外设备工程译文集》系统介绍了国外设备管理,总结出 171 厂等抓设备更新改造、促进企业提高经济效益的典型经验并广为宣传,普及现代设备管理的思想和方法。与此同时,许多行业、地区也逐步开展了这项工作。

随着经济体制的改革,我国开始大量引进国外设备管理的新方法,并继承过去行之有效的"以防为主,修养并重,三级保养,三好四会,润滑五定,十字作业"等一系列先进经验,形成了具有我国特色的管理体系和管理模式。该管理体系和模式内容丰富,可以简单概括为五个方面,即"一生管理、两个目标、三个基本方针、四项主要任务、五个结合"的操作模式方法,也就是常说的"一二三四五"。

(1)一生管理。一生管理就是要对设备的功能运动、物质运动与价值运动的全过程进行全系统、全效率、全员的"三全"管理。

(2)两个目标。两个目标就是既要提高设备的综合效率或系统效率,又要降低设备的寿命周期费用。

（3）三个方针。三个基本方针就是坚持依靠技术进步的方针，贯彻以预防为主的方针，执行促进生产发展的方针，这是我们自己总结的先进经验和要求。

（4）四项任务。四项主要任务就是保持设备完好，不断改善和提高企业技术装备素质，充分发挥设备效能，取得良好的经济效益。

（5）五个结合。五个结合就是设计、制造与使用相结合，日常维护与计划检修相结合，修理、改造与更新相结合，专业管理与群众管理相结合，技术管理与经济管理相结合。

历史的车轮总是向前的，清楚设备管理的发展历史，才能明确我们的设备管理工作正处于哪个阶段，并向着先进的方向前进。

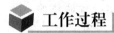 **工作过程**

【任务实施】设备管理科学的发展情况

一、实施目标

（1）能够掌握设备的概念。

（2）了解设备管理的发展史。

（3）了解我国设备管理的发展情况及形成的经验。

二、实施准备

自主学习"知识链接"部分，了解设备管理的发展情况，完成表 1-1-1。

表 1-1-1 学习记录表

课题名称			时 间	
姓 名		班 级	评 分	
随 笔	预习主要内容			
随 笔	课堂笔记主要内容			
评 语				

三、实施内容

（1）说出设备的概念。

（2）说出设备管理的三个侧面。

（3）讨论设备管理的发展史及各个国家的代表性管理模式。

（4）了解我国的设备管理发展情况，并且说出我国自己的管理模式。

四、实施步骤

（1）自行通过网络、书籍等媒介，查询人类社会生产工具的发展史，并找到每个时期的代表工具图片，完成表1-1-2。

表1-1-2 生产工具的发展变迁

时间	标志性工具	工具材质	人类社会的形态生产力水平	图片

（2）查阅各国的设备管理现状，了解其设备管理的发展史，并找出各阶段代表国家的情况。

（3）至少去两家企业的车间参观，考察其设备管理的过程，对设备管理有个直观的了解，以小组为单位撰写报告并递交。

任务评价

完成上述任务后，认真填写表1-1-3所示的"设备管理科学的发展评价表"。

表1-1-3 设备管理科学的发展评价表

组别		小组负责人	
成员姓名		班级	
课题名称		实施时间	
评价指标	配分	自评	互评	教师评
课前准备，收集资料	5			
课堂学习情况	20			
能应用各种手段获得需要的学习材料，并能提炼出需要的知识点	20			
去企业实地调研	10			
撰写报告	15			
课堂学习纪律情况	15			
能实现前后知识的迁移，主动性强，与同伴团结协作	15			
总 计	100			
教师总评 （成绩、不足及注意事项）				
综合评定等级（个人30%，小组30%，教师40%）				

任务练习

1. 什么是设备？
2. 什么是设备管理？设备管理的三个要素是什么？
3. 设备管理的发展有哪几个阶段？
4. TPM 的特点是什么？

 任务小结

通过本任务的学习，主要掌握设备的概念和设备管理的发展情况，以及我国设备管理所形成的具有自己特色的设备管理模式。

 任务拓展

阅读材料——TPM

一、TPM 概述

TPM 是英文 Total Productive Management 的缩写，中文译名为全面生产管理。

TPM 包含的具体含义有以下四个方面：

(1) 以追求生产系统效率（综合效率）的极限为目标。

(2) 从意识改变到使用各种有效的手段，构筑能防止所有灾害、不良行为、浪费的体系，最终构成"零"灾害、"零"不良、"零"浪费的体系。

(3) 从生产部门开始实施，逐渐发展到开发、管理等所有部门。

(4) 从最高领导到第一线作业者全员参与。

TPM 活动由"设备保全""质量保全""个别改进""事务改进""环境保全""人才培养"六个方面组成，对企业进行全方位的改进。

1. TPM 概念

从理论上讲，TPM 是一种维修程序，它与全员质量管理（Total Quality Management，TQM）有以下几点相似之处。

(1) 要求将包括高级管理层在内的公司全体人员纳入 TPM。

(2) 要求必须授权公司员工可以自主进行校正作业。

(3) 要求有一个较长的作业期限，这是因为 TPM 自身有一个发展过程，贯彻 TPM 需要约一年甚至更多的时间，而且使公司员工从思想上转变也需要时间。

TPM 将维修变成了企业中必不可少的和极其重要的组成部分，维修停机时间也成了工作日计划表中不可缺少的一项，而维修也不再是一项没有效益的作业。在某些情况下可将维修视为整个制造过程的组成部分，而不是简单地在流水线出现故障后进行，其目的是将应急的和计划外的维修最小化。

2. TPM 的起源

TPM 起源于"全员质量管理（TQM）"。TQM 是 W. 爱德华. 德明博士对日本工业产生影响的直接结果。德明博士在二战后不久就到日本开展他的工作。作为一名统计学家，他最初只是负责教授日本人如何在其制造业中运用统计分析，进而利用数据结果在制造过程中控制产品质量。最初的统计过程及其产生的质量控制原理不久后便受到日本人职业道德的影响，形成了具有日本特色的工业生存之道，这种新型的制造概念最终形成了众所周知TQM。当TQM要求将设备维修作为其中一项检验要素时，发现TQM本身似乎并不适合维修环境。这是由于在相当一段时间内，人们重视的是预防性维修（Preventive Maintenance，PM）措施，多数工厂也都采用PM，而且，通过采用PM技术制定维修计划以保持设备正常运转的技术业已成熟。然而在需要提高或改进产量时，这种技术时常导致对设备的过度保养。因为它的指导思想是："如果有一滴油能好一点，那么有较多的油应该会更好"。这样一来，要提高设备运转速度必然会导致维修作业的增加。

而在通常的维修过程中，很少或根本就不考虑操作人员的作用，对维修人员也只是就常用的并不完善的维修手册规定的内容进行培训，并不涉及额外的知识。

通过采用TPM，许多公司很快意识到要想仅仅通过对维修进行规划来满足制造需求是远远不够的。要在遵循TQM原则的前提下解决这一问题，需要对最初的TPM技术进行改进，以便将维修纳入整个质量过程的组成部分之中。

现在，TPM的出处已经明确，它最早是在40年前由一位美国制造人员提出的。但最早将TPM技术引入维修领域的是日本的一位汽车电子元件制造商——Nippondenso在20世纪60年代后期实现的。后来，日本工业维修协会干事Seiichi Nakajima对TPM作了界定，并目睹了TPM在数百家日本公司中的应用。

二、TPM的应用

在开始应用TPM之前，应首先使全体员工确信公司高级管理层也将参与TPM作业。实施TPM的第一步则是聘请或任命一位TPM协调员，由他负责培训公司全体员工的TPM知识，并通过教育和说服工作，使公司员工们笃信TPM不是一个短期作业，不是只需几个月就能完成的事情，而是要在几年甚至更长时间内进行的作业。

一旦TPM协调员认为公司员工已经掌握有关知识并坚信TPM能够带来利益，就可以认为第一批TPM的研究和行动团队已经形成。这些团队通常由那些能对生产中存在问题的部位有直接影响的人员组成，包括操作人员、维修人员、值班主管、调度员乃至高层管理员。团队中的每个人都是这一过程的中坚力量，应鼓励他们尽其最大努力以确保每个团队成功地完成任务。通常这些团队的领导一开始应由TPM协调员担当，直到团队的其他成员对TPM过程完全熟悉为止。

行动团队的职责是对问题进行准确定位，细化并启动修复作业程序。对一些团队成员来说，发现问题并启动解决方案一开始可能并不容易，这需要一个过程。尽管在其他车间工作可能有机会了解不同的工作方法，但团队成员并不需要这样的经验。TPM作业进行得顺利与否，在于团队成员能否经常到其他合作车间观察对比采用TPM的方法、技术以及TPM工作。这种对比过程也是进行整体检测（称为水准基点）的组成部分，是TPM过程最宝贵的成果之一。

在TPM中，鼓励这些团队从简单问题开始，并保存其工作过程的详细记录。这是因为团队开始工作时的成功通常会加深管理层对团队的认可，而工作程序及其结果的推广是整个 TPM 过程成功的要诀之一。一旦团队成员完全熟悉了 TPM 过程，并有了一定解决问题的经验后，就可以尝试解决一些重要和复杂的问题。

任务二　设备管理的目的及工作任务

机器设备是企业组织生产的重要物质技术基础，是构成生产力的重要因素之一。

俗话说："工欲善其事，必先利其器"，在现代化工业生产条件下更是如此。不断改善生产设备的技术状态，提高设备装备水平和利用效率，减少设备维修所占用的流动资金，降低设备维修费用，提高设备管理人员和维修人员的素质，对实现企业的生产经营目标和提高企业经济效益有着十分重要的意义。

 学习目标

- 了解设备在企业中的地位，充分明确其重要性；
- 理解设备管理的目的；
- 掌握设备管理的工作任务。

任务描述

通过本任务的学习，更加明确设备管理对保证企业增加生产、确保产品质量、发展品种、产品更新换代和降低成本等都具有十分重要的意义。

 知识链接

现代生产设备对现代企业的发展与竞争起着决定性的作用。自工业革命以来，设备在企业生产中的角色越发重要，到现在已经成为现代经济发展所必须的骨骼，设备的不断创新与推广极大地解放了劳动力，提高了生产率。相应地，现代设备在企业中的地位也处于不断提高的过程中。

一、现代设备在企业中的地位

1. 机器设备是现代企业的物质技术基础

机器设备是现代企业进行生产活动的物质技术基础，也是企业生产力发展水平与企业现代化程度的主要标志。企业的现代化程度在某种意义上取决于设备的现代化程度。马克思曾经高度评价机器的作用，他把机器设备称为"生产的骨骼和肌肉系统"；把化学工业企业生产中使用的炉、塔、罐、传输管道称为"生产的脉管系统"。因此可以说，没有机器设备就没有现代化的大生产，也就没有现代化的企业。由此可以看出，现代机器设备对于现代企业的重要性，它已成为企业硬实力的代表。

2. 设备是企业固定资产的主体

现代企业制度要求企业是自主经营、自负盈亏、独立核算的商品生产和经营单位。生产经营是"将本求利"，以盈利为目的，这个"本"就是企业所拥有的固定资产和流动资金。在企业的固定资产总额中，机器设备的价值所占的比例最大，一般都在 $60\%\sim70\%$。而且随着机器设备的技术含量与技术水平的日益提高，现代设备既是技术密集型的生产工具，也是资金密集型的社会财富。设计制造或者购置现代设备费用的增加，不仅会带来企业固定资产总额的增加，还会继续增大机器设备在固定资产总额中的比重。设备价值是企业资本的"大头"，与企业的兴衰关系重大。

3. 机器设备涉及企业生产经营活动的全局

企业作为商品的生产经营单位，必须树立市场观念、质量观念、时间观念、效益观念，以适销对路、物美价廉的产品赢得用户，占领市场，才能取得良好的经济效益和社会效益，求得企业的生存和发展。在企业从产品市场调查—组织生产—经营销售的管理循环过程中，机器设备处于十分重要的地位，影响着企业生产经营活动的全局。首先，在市场调查、产品决策的阶段，就必须充分考虑企业本身所具备的基本生产条件，否则，无论商品在市场上多么紧俏利大，企业也无法进行生产并供应市场。

二、设备管理的意义

因为设备是企业的基础设施，在现代企业中有着举足轻重的作用，所以管理好这些设备对企业来说具有十分重要的意义。在企业中，设备管理搞好了，才能使企业的生产秩序正常，做到优质、高产、低消耗、低成本，预防各类事故，提高劳动生产率，保证安全生产。加强设备管理，有利于企业取得良好的经济效果。如年产 30 万吨合成氨的工厂，一台压缩机出故障，会导致全系统中断生产，其生产损失不可小觑。

1. 设备管理是企业内部管理的重点

企业内部管理，指企业为了完成既定生产经营目标而在企业内部开展的一切管理活动，它包括企业的计划管理、质量管理、设备管理、财务管理、班组管理、现场管理等。人们常把加强企业内部管理称为练内功，因为内部管理水平的高低体现了企业内功的强弱。设备管理就是企业内部管理的重点之一。

生产设备是生产力的重要组成部分和基本要素之一，是企业从事生产经营的重要工具和手段，是企业生存与发展的重要物质财富，也是社会生产力发展水平的物质标志。无论从企业资产的占有率上，还是从管理工作的内容上及企业市场竞争能力的体现上，生产设备都占有相当大的比例和十分重要的位置。管好、用好生产设备，提高设备管理水平，对促进企业进步与发展有着十分重要的意义。

2. 设备管理是企业生产的保证

设备管理的主要任务是为企业提供优良而又经济的技术装备，使企业的生产经营活动建立在最佳的物质技术基础之上，保证生产经营顺利进行，以确保企业提高产品质量，提高生产效率，降低生产成本，进行安全文明生产，使企业获得最高经济效益。设备管理是企业产量、质量、效率和交货期的保证，设备管理水平是企业的管理水平、生产发展水平和市场竞争能力的重要标志之一。

3. 设备管理是企业安全生产的保证

安全生产是企业搞好生产经营的前提，没有安全生产，一切工作都可能是无用之功。

根据有关安全事故的统计，除去个别人为因素，80％以上的安全事故都是设备不安全因素造成的，特别是一些压力容器、动力运转设备、电气设备等若管理不好，则更是事故的隐患。要确保安全生产，必须有运转良好的设备，而良好的设备管理也就消除了大多数事故隐患，杜绝了大多数安全事故的发生。

4. 设备管理是企业提高效益的基础

企业进行生产经营的目的就是获取最大的经济效益，企业的一切经营管理活动也是紧紧围绕着提高经济效益这个中心进行的，而设备管理则是提高经济效益的基础。

提高企业经济效益，简单地说，一方面是增加产品产量，提高劳动生产效益；另一方面是减少消耗，降低生产成本。在这一系列的管理活动中，设备管理占有特别突出的地位。

三、设备管理的主要目的

设备管理的主要目的是用技术上先进、经济上合理的装备，同时采用有效的措施，保证设备高效率、长周期、安全、经济地运行，以此保证企业获得最好的经济效益。

设备管理主要有以下目的：

（1）加强设备管理有利于促进设备利用率的提高，进而提高生产效率，降低生产成本，降低消耗，提高劳动生产率。

（2）加强设备管理有利于预防各类事故的发生，保证安全生产。

（3）加强设备管理还可以对老旧设备不断进行技术革新和技术改造，合理地做好设备更新工作，加强实现工业现代化。

四、设备管理的职责与任务

1. 设备管理的主要职责

（1）设备资产管理使设备保持安全稳定、正常高效地运转，是保证生产正常进行的需要。

（2）负责企业的动力等公用工程系统的运转，保证生产的电力供应、循环用水、压缩空气等能源的需要。

（3）制定正确使用设备、安全使用设备的基本管理制度。

（4）制定设备维修和技术改造更新计划，确定设备资产的管理制度。

（5）负责企业生产设备的维护、检查、检测、分析、维修工作，合理控制维修费用，保护设备的可靠性，充分发挥其技术效能，产生经济效益。

2. 设备管理的基本任务

设备管理的基本任务是正确贯彻国家相关规定，做到全面规划、合理配置、择优选型、正确使用、精心维护、科学检修、适时改造和更新，使设备经常处于良好技术状态，实现设备寿命周期费用最经济、综合效能高和适应生产发展的需要。设备管理的具体任务如下：

（1）搞好企业设备的综合规划，对企业在用和需用设备进行调查研究，综合平衡，制定科学合理的设备购置、分配、调整、修理、改造、更新等综合性计划。

（2）根据技术先进、经济合理的原则，为企业提供最优的技术装备。

（3）制定和推行先进的设备管理和维修制度，以较低的费用保证设备处于最佳技术状态，提高设备完好率和设备利用率。

（4）认真学习研究，掌握设备物质运动的技术规律，如磨损规律、故障规律等。运用先进的监控、检测、维修手段和方法，灵活、有效地采取各种维修方式和措施，搞好设备维修，保证设备的精度、性能达到标准，满足生产工艺的要求。

（5）根据产品质量稳定提高、改造老产品、发展新产品和安全生产、节约能耗、改善环境保护等要求，有步骤地进行设备的改造和更新。在设备大检修时，也应把设备检修与设备改造结合起来，积极推广应用新技术、新材料和新工艺，努力提高设备的现代化水平。

（6）按照经济规律和设备管理规律的客观要求，组织设备管理工作。采取行政手段与经济手段相结合的办法，降低能源消耗费用和维修费用，尽量降低设备的周期费用。

（7）加强技术培训和思想政治教育，造就一支素质较高的技术队伍。

（8）搞好设备管理和维修方面的科学研究、经验总结和技术交流。组织技术力量对设备管理和维修中的课题进行科研攻关，积极推广国内外新技术、新材料、新工艺和行之有效的经验。

（9）搞好备品配件的制造，为供应部门提供备品配件的外购、储备信息和计划，推进设备维修与配件供应的商品化和社会化。

（10）组织群众参与管理。搞好设备管理，要发动全体员工参与，形成从领导到群众，从设备管理部门到各有关组织机构齐抓共管的局面。

五、设备管理的特点

设备管理的特点有四个方面：技术性、综合性、随机性和全员性。

1. 技术性

设备是企业的主要生产手段，设备是物化了的科学技术，是现代科技的物质载体。

2. 综合性

（1）现代设备包含了多种专门技术知识，是多门科学技术的综合应用。

（2）设备管理的内容是工程技术、经济财务、组织管理三者的综合。

（3）为了获得设备的最佳经济效益，必须实行全过程管理，即对设备生命周期各阶段的综合管理。

（4）设备管理涉及物资设备、设备制造、计划调度、劳动组织、质量控制、经济核算等许多方面的业务，汇集了企业多项专业管理的内容。

3. 随机性

许多设备故障具有随机性，因而使得设备维修及其管理也带有随机性。

4. 全员性

现代企业管理强调应用行为科学调动广大职工参加管理的积极性，实行以人为中心的管理。

工作过程

【任务实施】正确理解设备管理的目的及工作任务

一、实施目标

(1) 能知道设备在企业中的地位,充分明确其重要性。

(2) 理解设备管理的目的。

(3) 掌握设备管理的工作任务。

二、实施准备

自主学习"知识链接"部分,了解设备管理的目的、特点等,并完成表1-1-4。

表1-1-4 学习记录表

课题名称				时　间	
姓　名		班　级		评　分	
随　笔	预习主要内容				
随　笔	课堂笔记主要内容				
评　语					

三、实施内容

(1) 说出你所理解的设备在企业中的地位,明确其重要性。

(2) 说出设备管理的目的。

(3) 说出设备管理的工作任务。

四、实施步骤

(1) 自学本章节内容,通过网络等手段全面了解设备管理的地位、作用及其任务。

(2) 试着从设备管理的角度阐述你对"工欲善其事,必先利其器"这句话的理解。

(3) 至少去两家企业车间参观调研,考察其设备管理的情况,对该企业对设备管理的重视情况、设备管理的工作任务等有个直观了解,并以小组为单位做汇总。

任务评价

完成上述任务后，认真填写表1-1-5所示的"设备管理的目的及工作任务评价表"。

表1-1-5　设备管理的目的及工作任务评价表

组别			小组负责人	
成员姓名			班级	
课题名称			实施时间	
评价指标	配分	自评	互评	教师评
课前准备，收集资料	5			
课堂学习情况	20			
能应用各种手段获得需要的学习材料，并能提炼出需要的知识点	20			
去企业实地调研	10			
撰写报告	15			
课堂学习纪律情况	15			
能实现前后知识的迁移，主动性强，与同伴团结协作	15			
总　　计	100			
教师总评（成绩、不足及注意事项）				
综合评定等级（个人30％，小组30％，教师40％）				

 任务练习

1. 设备管理的目的是什么？

2. 简述设备管理的重要性，试着从设备管理的角度阐述你对"工欲善其事，必先利其器"这句话的理解。

3. 设备管理的工作任务是什么？

 任务小结

通过本任务的学习，主要理解设备管理在企业中所占的地位，明确设备管理工作任务、目的等，并能通过企业实地调研进一步明确这几点。

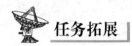 **任务拓展**

阅读材料——TPM 案例

一、案例分析

在一家采用 TPM 技术的制造公司中，TPM 团队一开始选择了一个冲床作为分析对象，对它进行了深入细致的研究和评估，经过一段较长时间的生产，建立了冲床生产使用和非生产时间的对比记录。一些团队成员发现，冲床在几种十分相似状态下的工作效率相差悬殊，这个发现使他们开始考虑如何才能提高其工作效率。随后不久他们就设计出一套先进的冲床操作程序，包括为冲床上耗损的零部件清洁、涂漆、调整和更换等维护作业，从而使冲床处于具有世界级水平的制造状态。作为设备管理的一部分，他们对设备使用和维修人员的培训工作也进行了重新设计，开发了一个由操作人员负责检查的按日维护作业清单，并由工厂代理人协助完成某些阶段的工作。

在对一台设备成功进行 TPM 后，其案例记录表明 TPM 的确能大幅提高产品质量，因而厂方更加支持对下一台设备采用 TPM 技术。如此下去，就可以把整个生产线的状态提高到世界级水平，公司的生产率也会显著提高。

由上述案例可知：TPM 要求将设备的操作人员也当作设备维修中的一项要素，这就是 TPM 的一种创新。那种"我只负责操作"的观念在这里不再适用了，而例行的日常维修核查、少量的调整作业、润滑以及个别部件的更换工作都成了操作人员的责任。在操作人员的协助下，专业维修人员则主要负责控制设备的过度耗损和主要停机问题。甚至是在不得不聘请外部或工厂内部维修专家的情况下，操作人员也应在维修过程中扮演显著角色。

TPM 协调员有几种培训方式。多数与制造业相结合的大型专业组织与私人咨询部、培训组织一样均可提供有关 TPM 实施的信息。美国制造工程协会（Society of Manufacturing Engineers，SME）和生产率报业就是两个例子，他们都提供介绍 TPM 的磁带、书籍和其他相关教学资料。生产率报业还在美国境内各大城市长期举办有关 TPM 的研讨会，同时也提供工业水准基点的指导和培训工作。

二、TPM 效果

成功实施 TPM 的公司很多，其中包括许多世界驰名公司，如福特汽车公司、柯达公司、戴纳公司和艾雷·布雷德利公司等。这些公司有关 TPM 的报告都说明了公司实施 TPM 后，生产率有显著提高。尤其是柯达公司，其声称自公司采用 TPM 技术后，获得了 500 万比 1600 万的投入产出比。另一家制造公司则称其冲模更换时间从原来的几小时下降到了 20 分钟，这相当于无需购买就能使用两台甚至更多的价值上百万美元的设备。德克萨斯州立大学声称通过研究发现，在某些领域采用 TPM 可以提高其生产率达 80% 左右。而且这些公司均声称通过 TPM 可以减少 50% 甚至更多的设备停机时间，降低备件存货量，提高按时交货率。在许多案例中，TPM 还可以大幅减少对外部采办部件，甚至整个生产线的需求。

TPM 是全面生产管理，其目的是在各个环节上持续不断地进行改善。

任务三 设备现代化管理的发展方向

社会生产日趋复杂，社会环境变幻莫测，企业与环境联系的日益紧密，设备管理所涉及的因素日益增多且日趋复杂。那么，设备管理发展趋势如何走向？

 学习目标

- 了解设备发展的特征趋势；
- 了解设备现代化管理的发展趋势；
- 通过查阅资料，找出设备发展特征与设备管理发展趋势的联系。

 任务描述

通过本任务的学习，了解现代化设备管理的发展趋势，并能通过查阅其他材料，归纳总结，形成文字。

 知识链接

随着科学技术的不断发展，新成果不断应用在设备上，设备的现代化水平迅速提高。

一、设备的特点

1. 日益大型化或超小型化

在传统的工业部门，如电力、钢铁、煤炭、造船和纺织业中，设备的容量、功率、重量越来越大，都明显地向大型化方向发展。设备大型化可以提高劳动生产率，节约材料和投资，降低生产成本，也有利于新技术的推广和应用。与此相反，由于新材料、新技术的不断出现和采用，微型化、轻量化的设备也得到了重视与发展。

2. 高速化

设备容量的增大，意味着设备体积也相应增加。为了减少单位容量设备的体积并提高工效，高速化已成为许多机械产品的重要发展趋势。

3. 功能高级化

功能高级化既是现代化设备的重要标志之一，又是设备现代化的努力目标，世界各国对此非常重视，相关研究也很活跃。

4. 连续化、自动化和复杂化

工业生产中各种生产工序与生产工艺的自动进行，能实现对产品的自动控制、整理、包装，以及设备工作实时状态的检测、监测、报警等处理，以提高生产效率，减轻劳动强度，达到高产、高效、低消耗的目的。由于现代设备的连续化和自动化程度越来越高，所以也导致了设备的复杂化。

现代设备的上述特点是人类在同自然界的长期斗争中，认识和改造自然以及利用自然的能力不断提高的结果，是现代科学技术进步的必然产物。但应看到，设备的文明又反过来向人类提出了挑战。设备越复杂越精密，出现故障的环节与概率越高，进行故障的诊断和分析的难度也越大；设备发生故障以后，使其恢复到原有性能指标所要求的技术和条件也越苛刻。另外，由于生产能力大，加上大量使用有毒物、易燃物、易爆物和电子技术，使得噪声污染、资源短缺、生态平衡失调、电子雾污染等"公害"随之而来，并且变得越来越突出。基于这一基本事实，一方面要求对现代设备的设计、制造、安装、使用和改造予以周密考虑、精心构思；另一方面，要投入更多的人力和财力，在技术上对污染加以控制，在管理上提高设备的使用效率和维护检修质量，以确保人身安全，降低生产成本，提高产品质量和减少环境污染。所有这些，都给设备管理工作带来了新的计划性、严肃性和防护性等要求，并提出了新的任务。

二、设备管理的特点

设备管理从企业的角度去看主要有三个趋势：战略化、人性化和弹性化。

随着社会化大生产的发展，社会生产日趋复杂，社会环境变幻莫测。企业如果没有科学的战略目标和长远打算，只顾眼前和一时的成就，则不可能持续发展，更不可能在竞争中取胜。企业唯有运筹帷幄，深谋远虑，才能战略制胜，不断壮大发展。

在传统设备管理中，以机器为中心，设备管理的中心是物，但是在任何管理中，人才是决定性的因素。20世纪之初，泰勒的科学管理是基于"经纪人"这一假设的，20世纪30年代梅奥等人的行为管理是基于"社会人"这一假设的，至20世纪50年代又有了基于"自我实现的人"假设的马斯洛的人性管理，20世纪80年代以来出现的文化管理则强调实现自我的企业文化和企业现象。

管理研究发展史表明，管理学理论明显存在着以人为本的管理思想。因此，设备管理都要以人为中心。在设备管理方式上，现代管理更强调用柔的方法，尊重个人的价值和能力，通过激励、鼓励人，以感情调动职工积极性、主动性和创造性，最充分地调动所有员工的工作积极性，以实现人力资源的优化及合理配置，从而使设备在企业生产中发挥最大效益。

随着社会的发展，现代设备管理从固定的组织系统向富有弹性的组织系统发展，这是社会管理发展的又一个重要趋势。

随着信息技术的不断进步和网络经济的不断发展，企业的组织机构必然会越来越趋于随意和多样化，相应地，企业的设备管理也必将日趋弹性化。

现代设备管理的新趋势具体体现在如下五个方面。

1. 设备管理信息化趋势

管理信息化是以发达的信息技术和信息设备为物质基础对管理流程进行重组和再造，使管理技术和信息技术全面融合，实现管理过程自动化、数字化、智能化的全过程化。现代设备管理的信息化应该是以丰富、发达的全面管理信息为基础，通过先进的计算机和通信设备及网络技术设备，充分利用社会信息服务体系和信息服务业务为设备管理服务。设备管理的信息化是现代社会发展的必然。

设备管理信息化趋势的实质是对设备实施全面的信息管理，主要表现在以下三个方面：

1）设备投资评价的信息化

企业在投资决策时，一定要进行全面的技术经济评价，设备管理的信息化为设备的投资评价提供了一种高效可靠的途径。通过设备管理信息系统的数据库获得投资多方案决策所需的统计信息及技术经济分析信息，为设备投资提供全面、客观的依据，从而保证设备投资决策的科学化。

2）设备经济效益和社会效益评价的信息化

由于设备使用效益的评价工作量过于庞大，很多企业都不做这方面的工作。设备信息系统的构建，可以积累设备使用的有关经济效益和社会效益评价的信息，利用计算机能够在短时间内对大量信息进行处理，提高设备效益评价的效率，为设备的有效运行提供科学的监控手段。

3）设备使用的信息化

信息化管理使得设备使用的各种信息的记录更加容易和全面。这些使用信息可以通过设备制造商的客户关系管理反馈给设备制造厂家，提高机器设备的实用性、经济性和可靠性。同时，设备使用者通过对这些信息的分享和交流，有利于强化设备的管理和使用。

2. 设备维修社会化、专业化、网络化趋势

设备管理社会化、专业化、网络化的实质是建立设备维修供应链，改变过去大而全、小而全的生产模式。随着生产规模化、集约化的发展，设备系统越来越复杂，技术含量也越来越高，维修保养需要各类专业技术并建立高效的维修保养体系，才能保证设备的有效运行。传统的维修组织方式已经不能满足生产的要求，有必要建立一种社会化、专业化、网络化的维修体制。

设备维修的社会化、专业化、网络化可以提高设备的维修效率，减少设备使用单位备品配件的储存及维修人员，从而提高设备使用效率，降低资金占用率。

3. 可靠性工程在设备管理中的应用趋势

现代设备的发展方向是自动化、集成化。由于设备系统越来越复杂，对设备性能的要求也越来越高，因而势必会提高对设备可靠性的要求。

可靠性是一门研究技术装备和系统质量指标变化规律的学科，并在研究的基础上制定能以最少的时间和费用，保证所需的工作寿命和零故障率的方法。可靠性科学在预测系统的状态和行为的基础上建立选取最佳方案的理论，保证所要求的可靠性水平。

可靠性标志着机器在其整个使用周期内保持所需质量指标的性能。不可靠的设备显然不能有效工作，因为无论是由于个别零部件的损伤，或是技术性能降到允许水平以下而造成的停机，都会带来巨大的经济损失，甚至造成灾难性后果。

可靠性工程通过研究设备的初始参数在使用过程中的变化，预测设备的行为和工作状态，进而估计设备在使用条件下的可靠性，从而避免设备意外停止作业或造成重大损失和灾难性事故。

4. 状态监测和故障诊断技术的应用趋势

设备状态监测技术是通过监测设备或生产系统的温度、压力、流量、振动、噪声、润滑油黏度、消耗量等各种参数，与设备生产厂家的数据相对比，分析设备运行的好坏，对机组故障作早期预测、分析诊断与排除的技术。

设备故障诊断技术是一种了解和掌握设备在使用过程中的状态，确定其整体或局部是否正常或异常,早期发现故障及其原因,并能预报故障发展趋势的技术。

随着科学技术与生产的发展,机械设备工作强度不断增大,生产效率、自动化程度越来越高,同时设备更加复杂,各部分的关联愈加密切,往往某处微小故障就会引发连锁反应,导致整个设备乃至与设备有关的环境遭受灾难性的毁坏,不仅造成巨大的经济损失,而且会危及人身安全,后果极为严重。采用设备状态监测技术和故障诊断技术,就可以事先发现故障,避免发生较大的经济损失和事故。

5. 从定期维修向预知维修转变的趋势

设备的预知维修管理是现代设备科学管理发展的方向,为减少设备故障,降低设备维修成本,防止生产设备的意外损坏,通过状态监测技术和故障诊断技术,在设备正常运行的情况下,进行设备整体维修和保养。在工业生产中,通过预知维修,降低事故率,使设备在最佳状态下正常运转,这是保证生产按预定计划完成的必要条件,也是提高企业经济效益的有效途径。

预知维修的发展是和设备管理的信息化、设备状态监测技术、故障诊断技术的发展密切相关的。预知维修需要的大量信息是由设备管理信息系统提供的,通过对设备状态的监测,得到关于设备或生产系统的温度、压力、流量、振动、噪声、润滑油黏度、消耗量等各种参数,由专家系统对各种参数进行分析,进而实现对设备的预知维修。

以上提到的现代设备管理的几个发展趋势并不是相互孤立的,它们之间相互依存、相互促进。信息化在设备管理中的应用可以促进设备维修的专业化、社会化;预知维修又离不开设备的故障诊断技术和可靠性工程;设备维修的专业化又促进了故障诊断技术、可靠性工程的研究和应用。

设备管理的新趋势是和当前社会生产的技术经济特点相适应的,这些新趋势带来了设备管理水平的提升,见表1-1-6。

表1-1-6 新趋势带来的设备管理水平的提升

新趋势	带来的新改进
信息化趋势	(1) 设备投资评价的信息化 (2) 设备经济效益、社会效益评价的信息化 (3) 设备使用的信息化
维修的社会化、专业化、网络化趋势	(1) 保证维修质量,缩短维修时间,提高维修效率,减少停机时间 (2) 保证零配件的供应及时、价格合理 (3) 节省技术培训费用
可靠性工程的应用	(1) 避免意外停机 (2) 保证设备的工作性能
状态监控和故障诊断技术	(1) 保证设备的正常工作状态 (2) 保证物尽其用,发挥最大效益 (3) 及时对故障进行诊断,提高维修效率
从定期维修向预知维修的转变	(1) 节约维修费用 (2) 降低事故率,减少停机时间

工作过程

【任务实施】设备现代化管理的发展方向

一、实施目标

(1) 了解设备发展的特征趋势。

(2) 了解设备现代化管理的发展趋势。

(3) 通过查阅资料,找出设备发展特征与设备管理发展趋势的联系。

二、实施准备

自主学习"知识链接"部分,了解设备特点和设备管理的发展趋势,并完成表1-1-7。

表1-1-7　学习记录表

课题名称			时　间	
姓　　名		班　级	评　分	
随　笔	预习主要内容			
随　　笔	课堂笔记主要内容			
评　语				

三、实施内容

(1) 说出当前设备的发展特征。

(2) 阐述设备管理的发展趋势。

(3) 调研机加工车间,了解设备的发展与管理情况。

四、实施步骤

(1) 举例说明设备的发展状况。

(2) 举例说明设备现代化管理的发展趋势。

(3) 以某一企业的机加工车间为例,调研企业设备管理的现代化进程和目前的设备管理发展趋势有无相悖或相同的地方。

任务评价

完成上述任务后，认真填写表1-1-8所示的"设备现代化管理的发展方向评价表"。

表1-1-8 设备现代化管理的发展方向评价表

组别			小组负责人	
成员姓名			班级	
课题名称			实施时间	
评价指标	配分	自评	互评	教师评
课前准备，收集资料	5			
课堂学习情况	20			
能应用各种手段获得需要的学习材料，并能提炼出需要的知识点	20			
去企业实地调研	15			
任务完成情况	10			
课堂学习纪律情况	15			
能实现前后知识的迁移，主动性强，与同伴团结协作	15			
总　　计	100			
教师总评（成绩、不足及注意事项）				
综合评定等级（个人30%，小组30%，教师40%）				

 任务练习

1. 简述设备的特点。
2. 简述现代化设备管理的趋势并举例说明。

 任务小结

通过本任务的学习，了解当前社会发展环境下设备的特征，以更好地了解现代化设备管理的发展趋势。

任务拓展

阅读材料——设备管理的分类

设备管理分为自有设备管理和租赁设备管理。自有设备按照设备折旧、使用台班进行自有机械费的核算；租赁设备按照租赁时间和单价核算机械租赁费。进行成本核算时，自有机械使用费、机械租赁费共同构成工程项目的机械费。

一、自有设备管理

系统根据设备使用计划进行设备的调配，提高设备使用效率，合理调配设备资源，保证工程顺利施工。自有设备管理主要是处理现场设备的日常管理及机械费的核算业务，包括使用计划、采购管理、库存管理、设备台账管理、设备使用、设备日常管理、机械费核算等。

二、租赁设备管理

根据工程预算和整体进度计划，结合自有设备情况制定设备租赁计划，合理调配资源，提高设备利用率，确保工程顺利施工。依据租赁数量、租出时间、退租时间、租赁单价核算租赁费，再根据租赁费、赔偿费结合工程项目进行机械料费的核算，主要包括租赁计划、租赁合同管理、设备进场、机械出场、租赁费用结算等费用。

项目二　设备管理的基础工作

　　基础工作是设备管理之本，是设备管理的根基，加强基础工作是设备管理工作的出发点。根深才能叶茂，只有深厚的根基才能使设备管理具有蓬勃的生命力，设备管理才能持续发展和不断进步。

任务一　设备的分类

　　一般企业的设备数量都比较多。由于企业的规模不同，有的企业少则有数百台设备，多则几千台，此外还有几万平方米的建、构筑物，成百上千公里的管道，等等。准确统计企业设备的数量并进行科学的分类，是掌握固定资产构成、分析企业生产能力、明确职责分工、编制设备维修计划、进行维修记录和技术数据统计分析、开展维修经济活动分析的一项基础工作。

学习目标

- 了解设备的分类情况；
- 掌握固定资产的分类方法。

任务描述

　　仔细观察图1-2-1，说出图中设备按照不同的分类方法分别属于什么设备。

图1-2-1　车间设备

知识链接

　　设备的分类方法很多，可根据不同的需要从不同的角度来分类。下面介绍几种主要的企业设备分类方法。

一、按固定资产分类

凡使用年限在一年以上且单位价值在规定范围内的劳动资料，统称为固定资产。企业采用哪一种固定资产单位价值标准，应该根据行业特点、企业大小等情况来决定。中央企业由主管部门同财政部门商定；地方企业由省、直辖市、自治区主管部门同财政部门商定。

如按经济用途和使用情况分析固定资产的构成，则固定资产可分为以下五类。

1．工业生产固定资产

工业生产固定资产是指用于工业生产方面（包括管理部门）的各种固定资产，其中又可具体划分为下列几类。

（1）建筑物，指生产车间、工场以及为生产服务的各技术、科研、行政管理部门所使用的各种房屋，如厂房、锅炉房、配电站、办公楼、仓库等。

（2）构筑物，指生产用的炉、窑、矿井、站台、堤坝、储槽和烟道、烟囱等。

（3）动力设备，指用以取得各种动能的设备，如锅炉、蒸汽轮机、发电机、电动机、空气压缩机、变压器等，如图1-2-2所示。

（a）发电机　　　　　　　（b）空气压缩机　　　　　　（c）变压器

图1-2-2　动力设备

（4）传导设备，用以传送由热力、风力、气体、其他动力和液体的各种设备，如上下水道、蒸汽管道、煤气管道、输电线路、通信网络等。

（5）生产设备，指具有改变原材料属性或形态、功能的各种工作机器和设备，如金属切削机床、锻压设备、铸造设备、木工机械、电焊机、电解槽、反应釜、离心机等，如图1-2-3所示。

（a）电解槽　　　　　　　（b）离心机　　　　　　　（c）反应釜

图1-2-3　生产设备

在生产过程中，用以运输原材料、产品的各种起重装置，如桥式起重机、皮带运输机等，也应该作为生产设备，如图1-2-4所示。

（a）桥式起重机　　　　　　　（b）皮带运输机

图 1-2-4　桥式起重机和皮带运输机

（6）工具、仪器及生产用具，指具有独立用途的各种工作用具、仪器和生产用具，如切削工具，压延工具，铸型、风铲、检验和测量用的仪器，用以盛装原材料或产品的桶、罐、缸、箱等。

（7）运输工具，指用以载人和运货的各种用具，如汽车、铁路机车、电瓶车等。

（8）管理用具，指经营管理方面使用的各种用具，如打字机、计算机、油印机、家具、办公用具等。

（9）其他工业生产用固定资产，指不属于以上各类的其他各种工业生产用固定资产，例如技术图书等。

2. 非工业生产用固定资产

非工业生产用固定资产是指不直接用于工业生产的固定资产，包括公用事业、文化生活、卫生保健、供应销售、科学试验用的固定资产，如职工宿舍、食堂、浴室、托儿所、理发室、医院、图书馆、俱乐部、招待所等单位所使用的各项固定资产。这类固定资产为职工提供正常的生活条件，对职工安心生产和发挥积极性具有重要意义。

3. 未使用固定资产

未使用固定资产指尚未开始使用的固定资产，包括购入和无偿调入尚待安装或因生产任务变更等原因而未使用或停止使用，以及移交给建设单位进行改建、扩建的固定资产。由于季节性生产、大修理等原因而停止使用的固定资产，存放在车间内替换使用的机械设备，均应作为使用中固定资产而不能作为未使用固定资产。

4. 不需用固定资产

凡由于数量多余或因技术性能不能满足工艺需要等原因而停止使用，并已报上级机关等待调配处理的各种固定资产均作为不需用固定资产。

5. 土地

土地指已经入账的、一切生产用的、非生产用的土地。

按固定资产分类的概念，在设备管理中也将设备分为生产设备与非生产设备、未安装设备与在用设备、使用设备与闲置设备等。

二、按工艺属性分类

工艺属性是设备在企业生产过程中承担任务的工艺性质，是提供研究分析企业生产装备能力、构成、性质的依据。企业设备日常管理中的分类、编号、编卡、建账等，均按工艺属性来进行。

从全国范围来讲，可按用途将工业企业的设备分为五类。

1. 通用设备

通用设备包括锅炉、蒸汽机、内燃机、发电机及电厂设施、铸造设备、机加设备、分离机械、电力设备及电气机械、工业炉窑等。

2. 专用设备

专用设备包括矿业用钻机、凿岩机、挖掘机、煤炭专用设备、有色金属专用设备、黑色金属专用设备、石油开采专用设备、化工专用设备、建筑材料专用设备、电子工业专用设备、非金属矿采选及制品专用设备、各种轻工专用设备(如制药专用设备、食品工业专用设备、造纸专用设备)等。

3. 交通运输工具

交通运输工具包括汽车、机车车辆、船舶等。

4. 建筑工程机械

建筑工程机械包括混凝土搅拌机、推土机等。

5. 主要仪器、仪表、衡器

三、按使用目的分类

按使用目的可以把设备分为生产设备、公用设备、科学研究设备、输送设备、销售设备、管理设备等。

1. 生产设备

生产设备包括直接发生生产行为的机械、起重运输装置、电气装置、锻压铸造、测试仪器、专用生产设备及有关辅助装置和构筑物。

2. 公用设备

公用设备包括比如发电设备、冷却塔、水处理设备、干燥设备等。

3. 科学研究设备

科学研究设备包括高速摄像机、电子显微镜、微量分析自动化装置等。

4. 输送设备

输送设备包括专用线、港口装卸设备、道路、载重汽车、输送带及有关的计量设备等。

5. 销售设备

销售设备包括汽油站、设备服务站、设备服务车间等。

6. 管理设备

管理设备包括报警装置、计算机、公共卫生设备、食堂设备等。

四、按修理复杂程度分类

按修理的复杂程度不同，设备可分为主要设备和非主要设备。

1. 主要设备

根据国家统计局现行规定，凡修理复杂系数大于或等于5的设备为主要设备，应该重点管理。

2. 非主要设备

修理复杂系数小于 5 的设备为非主要设备。

五、其他分类法

设备可按照精度、价值等不同分为高精度、大型、重型稀有设备，还可按重量分为轻型、中型和重型设备。

 工作过程

【任务实施】设备的分类的学习

一、实施目标

(1) 了解设备的分类情况。

(2) 掌握固定资产的分类方法。

(3) 知道机加工车间常见的设备按照不同的分类方法属于哪一类。

二、实施准备

自主学习"知识链接"部分，了解设备的分类，并完成表 1-2-1。

表 1-2-1 学习记录表

课题名称			时　间	
姓　名		班　级	评　分	
随　笔	预习主要内容			
随　笔	课堂笔记主要内容			
评　语				

三、实施内容

(1) 说出设备的分类方法。

(2) 说出机加工车间常见的设备按照不同的分类方法属于哪一类。

四、实施步骤

(1) 以小组为单位，每组选择一种设备分类方法，说出图 1-2-1 中设备的所属类别，并完成表1-2-2。

表1-2-2 设备分类表

序号	名称	按( )分类	按( )分类	按( )分类

（2）参观学校的机加工车间，观察设备，说出其类别。

（3）通过网络查询其他的设备分类方法，说出其中的两种。

 任务评价

完成上述任务后，认真填写表1-2-3所示的"设备分类评价表"。

表1-2-3 设备分类的评价表

组别			小组负责人	
成员姓名			班级	
课题名称			实施时间	
评价指标	配分	自评	互评	教师评
课前准备，收集资料	5			
课堂学习情况	20			
能应用各种手段获得需要的学习材料，并能提炼出需要的知识点	15			
去学校车间参观并解决问题	15			
完成任务情况	15			
课堂学习纪律情况	15			
能实现前后知识的迁移，主动性强，与同伴团结协作	15			
总 计	100			
教师总评 （成绩、不足及注意事项）				
综合评定等级（个人30%，小组30%，教师40%）				

任务练习

1. 机械设备分为哪些？

2. 设备按照工艺属性如何划分？

3. 观察图1-2-5所示的铭牌，从里面能得到哪些信息？

图1-2-5 铭牌

 任务小结

通过本任务的学习，了解设备的分类方法，熟悉机加工车间常见设备的所属类别，以及常见的家电、办公设备的类别等。

 任务拓展

阅读材料——机械设备类别

机械设备种类繁多。机械设备运行时，一些部件甚至其本身可进行不同形式的机械运动。机械设备由驱动装置、变速装置、传动装置、工作装置、制动装置、防护装置、润滑系统、冷却系统等部分组成。

机械行业的主要产品包括以下12类：

（1）农业机械：拖拉机、播种机、收割机械等。

（2）重型矿山机械：冶金机械、矿山机械、起重机械、装卸机械、工矿车辆、水泥设备等。

（3）工程机械：叉车、铲土运输机械、压实机械、混凝土机械等。

（4）石化通用机械：石油钻采机械、炼油机械、化工机械、泵、风机、阀门、气体压缩机、制冷空调机械、造纸机械、印刷机械、塑料加工机械、制药机械等。

（5）电工机械：发电机械、变压器、电动机、高低压开关、电线电缆、蓄电池、电焊机、家用电器等。

（6）机床：金属切削机床、锻压机械、铸造机械、木工机械等。

（7）汽车：载货汽车、公路客车、轿车、改装汽车、摩托车等。

（8）仪器仪表：自动化仪表、电工仪器仪表、光学仪器、成分分析仪、汽车仪器仪表、电料装备、电教设备、照相机等。

（9）基础机械：轴承、液压件、密封件、粉末冶金制品、标准紧固件、工业链条、齿轮、模具等。

（10）包装机械：包装机、装箱机、输送机等。

（11）环保机械：水污染防治设备、大气污染防治设备、固体废物处理设备等。

（12）其他机械。

任务二　固定资产编号

在现代企业中，固定资产的种类、数量很多，尤其是管线、设备、仪器仪表等，所占的比重比较大，同类别的设备多。为方便管理，要对设备资产进行编号，这是设备管理基础工作的一项重要内容。

学习目标

- 掌握固定资产编号的方法；
- 了解固定资产编号的基本原则；
- 了解管道编号法。

任务描述

通过本任务的学习，观察图 1-2-6，了解其编号的方法，并到学校的实习车间查看各种设备的资产卡片，了解其编号的方法。

图 1-2-6　设备资产卡片

知识链接

在对固定资产进行编号时，方法应该力求科学、直观、简便、方便统一管理，同时应该减少文字说明以提高工作效率。

一、设备编号的基本要求

系统性——编码组织应该具有一定的系统性，便于分类和识别。

通用性——编码的结构要简单明了，位数少。

实用性——编码要便于使用，容易记忆。

扩展性——编码要便于追加，且追加后不会引起体系的混乱。

效率性——编码要易于计算和处理，且处理效率较高。

成套性——成套给出制定的编码规范，以便于管理和维护。

二、设备编号应遵循的原则

（1）每一个设备编号只代表一台设备。在一个企业中，不允许有两台设备采用同一个编号（说明：字母加数字构成一个完整编号，出现同样数字的编号是允许的）。

（2）编号要明确反映设备类型，如工业炉、热交换器、聚合釜或压缩机等。

（3）能明确反映设备所属装置及所在位置。

（4）编号的起始点应是原料进口处，结尾点应是半成品或成品出口处。

（5）同型号设备的编号同样按工艺顺序编排，即同型号设备编号的数字部分是不一样的，与习惯做法不同，其顺序应明确规定：由东向西（当设备东西排列时），或由南向北（当设备南北排列时）。

（6）编号应尽量精简，数字位数与符号应尽量简单而少。例如：当一套装置或车间设备总台数少于 100 台时，就可采用不分工号（工段）、不分类别的大排号，这样装置虽多于 10 个，但仍可用四位数表示；如装置数在 10 个以内，则有三位数即可表达。另外，一个企业的编号原则和方法应一致。当全厂设备编号后，应编制出全厂统一的设备一览表，并应保持稳定。如果因设备调出或报废而发生空号，可在设备档案或一览表中注明；若新增设备，则可以新增编号或填补空号。

三、设备编号法

固定资产编号相当于每个人的身份证或者如同银行卡的号码一样，一个身份证号码只能对应一个人，就算这个人过世了，这个号码也还是给他留着。银行卡号码也一样，就算你销户了，这个号码还是一直留着，其对应的记录也将保存着。

为了解设备所属的类别性质，同时便于对设备数量进行分类统计，国家有关部门针对不同的行业对不同设备进行了统一分类和编号。例如机械工业企业可参照《设备统一分类及编号目录》，该目录将机械设备和动力设备分为 10 大类别，见表 1-2-4 所示，其中每一个类别又分为若干子类，分别用数字代号表示。

表 1-2-4 设备分类代号表

机械设备		动力设备	
大类别	代号	大类别	代号
金属切削机床	0	动能发生设备	6
锻压设备	1	电器设备	7
起重运输设备	2	工业炉窑	8
木工铸造设备	3	其他动力设备	9
专业生产设备	4		
其他机械设备	5		

设备固定资产的编号由两段数字组成，两段数字之间为一横线，表示方法如图 1-2-7 所示。

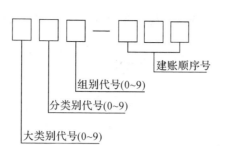

图 1-2-7　设备编号形式

例如建账顺序号为 35 的龙门刨床,从《设备统一分类及编号目录》中查出大类别为 0,分类别代号为 7,组别代号为 2,则其编号为 072-035;顺序号为 26 的立式铣床,其编号为061-026。

对于列入低值易耗品的简易设备,也按照上述编号,但在编号前加"J",例如砂轮机编号 J033-005。对于成套设备中的附属设备,应在编号前加字母"F"。

四、管道编号法

一般石化企业装置的管道较多,尤其大型化工厂,往往形成管道走廊(通称管廊)。大、中型老企业的外管道也基本集中在管廊上。为加强对外管道(包括装置内的管廊)的管理,防止出现差错,影响生产等,管道应该编号。

1. 管道编号前应具备的条件

(1) 管道内的介质用管外(除保温、保冷层外)的涂色标示清楚。

(2) 管架支柱从始端至末端都要编号,并在支柱离地面 1.7 m 左右标码。管道纵横交叉较多的厂,其支柱号码前要冠以特定文字。

2. 外管道(厂区公用管道)编号的原则

(1) 先编外厂供应的管道。面对外部输入本厂的第一个管道支架,按从东到西或从南到北的顺序进行编号,不加字冠,即以 01、02、03…往后排列即可。

(2) 如管道架分上下多层铺设时,则先编上层管道,再编下层管道,如上层为 01、02、03、04,下层为 05、06、07、08 等类推。

(3) 外厂供应的管道编完后,留下一定量的空号,再进行本厂外管道的编号。对无管廊的老厂,应从该管道输送介质的起始点起,从原料加工开始,对化工管道进行编号,直到输出成品的管道为止。对需要多种原料的化工企业,按化工工艺流程的先后顺序进行编号。工艺管道编完后,留一定量空号,再进行水、汽、压缩空气等管道编号,将所有外管道全部编完为止。

(4) 对有管廊的新老企业,应选择管道走廊上最密集的管架位置,标定该处支柱号码为管道编号基准点,然后面向管道中介质来的方向对管架上的管道进行编号,仍按上面的Ⅰ、Ⅱ项原则进行编号,对未经该处的管道进行后续编号。此法不分工艺管道与水、汽等管道,一律按顺序编定。编定后,编制外管道编号登记一览表,其内容除管道编号、管道输送介质、管道尺寸、材质等之外,还必须列明每根外管道的起始点与终点及其总长度。如管道上有阀门,还必须注明有几个阀门、型号、规格,并对阀门进行顺序编号,此顺序从介质送出点开始，往后排列。如，$01-V_1$（V 代表阀门）、$01-V_2$ 等，即代表第一根管道的第一个和第二个阀门。

另外，对于仪表也应编号，此处不再叙述。

 **工作过程**

【任务实施】固定资产编号的方法

一、实施目标

（1）掌握固定资产编号的方法。

（2）了解固定资产编号的基本原则。

（3）了解管道编号法。

二、实施准备

自主学习"知识链接"部分，了解设备编号方法，并完成表 1-2-5。

表 1-2-5　学习记录表

课题名称			时　间	
姓　名	班　级		评　分	
随　笔	预习主要内容			
随　笔	课堂笔记主要内容			
评　语				

三、实施内容

（1）了解资产卡片包含的内容。

（2）学会简单的资产编号方法。

四、实施步骤

（1）观察图 1-2-6，能从固定资产卡片中了解到哪些内容。

（2）到学校的实习车间查看各种设备的资产卡片，了解其编号方法，重点了解机械设备的编码方法，并完成表 1-2-6。

表 1 - 2 - 6　设备编码表

序号	名称	编码	编码的顺序方法
1	普通车床		
2	数控车床		
3	数控铣床 1		
4	数控铣床 2		
5	锯床		
6	计算机		

（3）了解其他行业如医疗器械的资产设备编号方法。

 任务评价

完成上述任务后，认真填写表 1 - 2 - 7 所示的"固定资产编号评价表"。

表 1 - 2 - 7　固定资产编号评价表

组别		小组负责人	
成员姓名		班级	
课题名称		实施时间	

评价指标	配分	自评	互评	教师评
课前准备，收集资料	5			
课堂学习情况	20			
能应用各种手段获得需要的学习材料，并能提炼出需要的知识点	15			
了解其他行业的资产编号方法	15			
任务完成情况	15			
课堂学习纪律情况	15			
能实现前后知识的迁移，主动性强，与同伴团结协作	15			
总　　计	100			
教师总评（成绩、不足及注意事项）				
综合评定等级（个人 30%，小组 30%，教师 40%）				

任务练习

1. 简述设备编号的具体要求。

2. 简述设备编号遵循的原则。

3. 请为以下设备编号：顺序号为 5 的立式铣床；顺序号为 17 的电动卷扬机；顺序号为 3 的对焊机。

4. 说明以下编号的含义：008 - 022；038 - 013；235 - 002。

 任务小结

通过本任务的学习，了解设备编号的要求，掌握设备编号的组成、基本方法、基本原则，了解管道编号等。

 **任务拓展**

阅读材料——某企业设备编号案例

【目的】对设备进行综合管理。对公司所有的设备进行科学分类，为每一台设备设定一个号码，以方便管理、使用。

【范围】本规定适用于本公司所有属于固定资产的生产设备的分类编号。

【责任】本规定的执行责任部门是各生产车间及设备工程部。

【内容】

1. 设备的类型代号

C——压缩机，包括各类型压缩机等。

B——风机类，包括引风机、鼓风机、换气风机等。

E——换热器，包括各类型换热器、蒸发器、空冷器。

H——工业炉，包括箱式炉、圆筒炉。

M——计量设备，包括磅秤、给料秤、地上衡。

P——泵，包括离心泵、液下泵、喷射泵、真空泵、容积泵等各类泵。

R——反应设备，包括有各类反应器。

S——分离设备，包括压滤机、过滤机、离心机、压力机、分离器、除尘器、挤压机、干燥机等。

SD——干燥设备。

ST——离心分离设备。

SW——除尘设备。

SF——过滤设备 。

W——运输机械，包括提升机、起重机、电动葫芦、输送机等。

V——贮槽，包括各类型贮槽、罐等。

T——塔，具体包括填料塔、板式塔、喷淋塔、填料塔等。

Z——包装类设备，包括各类包装机。

X——成型类设备，包括压片机、造粒机等。

F——粉碎设备，包括各种类型的破碎、粉碎、微粉设备。

K——其他设备，具体包括以上未提及的设备。

2. 设备的编号组成

设备编号以一位或两位英文字母和四位数字组成：

设备类型代号＋该设备所在车间代号＋车间单元代号＋设备在该单元的流水编号

如，R1301 表示一车间第三单元的第一个反应器，如图 1－2－8 所示；E2109 表示二车间第一单元的第九台换热器，以此类推。

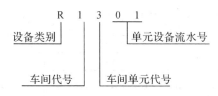

图 1－2－8 设备编号的组成

一种产品的单元一般按工艺划分一套完整的流程作为一个单元。当车间生产多种产品时，每一种产品作为一个单元对待。

设备更新时设备位号不变。因生产扩大，原有设备不能满足要求而需要增设并联设备位号时，以末尾增加英文 A B C 等表示相同或不同的设备。如，一车间增加一台真空泵，位号变为 P1106A 和 P1106B，表示原有和新增设备。

因更改品种而需增加设备时，可按原有位号按流水号顺延；增加数量只有一两台时，以附加英文 A B C 等表示。

任务三 设备管理的基础资料

为了做好设备管理工作，首先要做好设备管理的基础资料，包括设备资产卡片、设备台账、设备档案等。设备管理部门应该根据自身管理的需要，建立和完善必要的基础资料，做好设备资产的动态管理。

 学习目标

- 知道设备管理的基础资料包括哪些；
- 了解资产卡片包含的内容；
- 了解设备台账和档案的相关知识。

任务描述

通过本任务的学习，观察图 1－2－9，能从固定资产卡片和设备检查记录中了解到哪些内容。

固 定 资 产 卡 片

| 卡片编号 | 00035 | | 日 期 | 2014-01-08 |

固定资产编号	35	固定资产名称	缩膜机
类别编号	03	类别名称	小型机器设备
规格型号		部门名称	不用峡川新厂
增加方式	直接购入	存放地点	由防水厂转入
使用状况	不需用	使用年限	5年0月	折旧方法	平均年限法(一)
开始使用日期	2009-07-30	已计提月份	22	币种	人民币
原值	65000.00	净残值率	5%	净残值	3250.00
累计折旧	21567.00	月折旧率	0	月折旧额	0.00
净值	43433.00	对应折旧科目	410502,折旧	项目	

小型设备日常检查记录表

设备名称：注塑机台　　　　　　　　编号：_____

检查时间	检查情况记录	检查人(签字)
2010.4.15	运行正常	XTT
2010.5.15	运行正常	
2010.6.15	运行正常	
2010.7.15	运行正常	
2010.8.15	运行正常	
2010.9.15	运行正常	

图1-2-9 资产卡片和设备检查记录

 知识链接

设备资产卡片是设备的资产凭证，在设备验收移交生产时，设备管理部门和财务部门都应该建立单台设备的固定资产卡片，登记设备的资产编号和固有的技术经济参数及变动记录，并按使用保管部门的顺序建立卡片册。

一、设备卡片的建立及管理

1. 设备卡片的概念及建立

设备卡片是指为反映和研究每台不同性能和用途的设备使用变化情况，并记录其主要技术特性而设立的登记卡，如图1-2-10所示。

设备卡片的建立应注意以下几点：

（1）设备卡片在设备分类和编号的基础上，以设备管理部门为主，会同企业财务部门共同建立。

（2）设备卡片的主要内容有：设备的类别、编号、名称、规格及型号、主要技术参数及性能、使用单位、使用日期、购置年月、使用寿命、原始价值或重置完全价值、折旧率、大修理费用、大修次数、大修理间隔期等。

（3）设备卡片按照每一台设备来设置。

（4）设备卡片应按设备统一分类编号的顺序编列号码，以免重复，便于考查。

（5）设备卡片一般为一式三份，分别由设备管理部门、使用部门和财会部门管理。

固定资产明细卡

卡号编号＿＿＿＿＿＿

统一编号		名　称		资产来源		附　属　设　备		
						名 称 及 规 格	单位	数量
规　格		单　位		验收单号				
单　位		耐用年限		产　地				
制造年份		大修理费用定额		用　途				
制造厂编造号码		预估清理价　值		技术能力				
制造厂名　称		预估清理费　用		公称能力				
牌　名		基　本折旧费		实际能力				
构造形式		大修理折旧率		磨损程度				

资产登记后	变动情况	年	月	日	特　征	摘　　要	现存地点	主管人员	整理人	使用保管负责人	修理与使用情况

（折叠装信纸品）

图 1－2－10　固定资产卡片

2. 设备卡片的管理

（1）为便于查找，宜将卡片做成活页，并存放在卡片箱或卡片夹内。

（2）企业增减设备时，应根据有关凭证增减设备卡片。

（3）企业租出设备时，应登记租用单位和起止时间于卡片内，并将卡片单独保管。

（4）设备管理部门、使用部门、财务部门应定期核对设备卡片。

二、设备台账的建立及管理

设备台账是掌握企业设备资产状况，反映企业各种类型设备的拥有量、分布情况及变动情况的主要依据。设备台账一般有两种编排形式：一种是设备分类编号台账，它是以《设备统一分类及编号目录》为依据，按类组代号分页，按资产编号顺序排列，便于新增设备的资产编号和分类分型号统计；另一种是按照车间、班组等使用单位顺序的设备台账，这种形式便于生产维修计划管理及年终设备资产清点。以上两种设备台账汇总，构成了企业设备总台账。

为了便于设备管理，所以建立台账，其内容有设备名称、型号规格、购入日期、使用年限、折旧年限、资产编号、使用部门、使用状况等。设备台账需以表格的形式做出来，每年都需要更新和盘点。

1. 设备台账的概念及建立

设备台账是指为汇总反映各类设备的使用、保管及增减变动情况而设立的设备登记簿。设备台账的建立应注意以下几点：

（1）设备台账应在设备分类和编号的基础上，以设备管理部门为主，会同企业财务部门共同建立。

（2）设备台账的主要内容有：设备编号、名称、型号、规格、复杂系数、制造厂、制造日期、进厂日期、使用单位、原始价值、折旧率、使用年限、动力配置、随机附件等。

（3）设备台账按设备的使用单位和类别设置账页。

（4）设备台账一式三份，由设备管理部门、使用部门、财务部门各执一份。

2．设备台账的管理

（1）不同部门的设备台账由不同人员负责管理，即设备管理员负责设备部门的设备台账，使用单位设备员（机械员）负责使用部门的设备台账，会计人员负责财会部门的设备台账。

（2）每年度开始时，将设备的年初实物数和金额等按台账规定内容入账；每月根据设备变动凭证按台账有关内容入账，并结出月末设备的实物量和金额。

（3）设备管理部门、使用部门和财务部门对设备台账定期进行核对，做到账账相符，以免发生差错。

三、设备档案的建立及管理

1．设备档案的概念及建立

设备档案是设备从计划、设计、制造、购置、安装、使用、维护、改造、更换直至报废中所形成和有保存价值的图纸、图表、文字材料、照片、数据等文件资料。凡有条件的企业，其设备管理机构都应建立设备档案室，并配备专门或兼职人员保管档案。

每台设备建立一个档案袋，其主要内容包括：

（1）自制设备在设计、制造过程中产生的资料。

（2）外购设备进厂后，开箱验收过程中所收集的资料。

（3）设备在安装、试车、验收过程中产生的技术文件。

（4）设备投产过程中所产生的技术文件。

（5）设备使用及维修过程中所产生的技术文件。

（6）设备改进、改装和报废过程中所产生的技术文件。

（7）设备封存单及启封单。

（8）精、大、稀设备操作人员及其变动记录。

2．设备档案的管理

（1）设备档案集中由档案室统一管理，以保证档案资料完整、准确、系统地被使用。

（2）制定有关设备档案的借阅、查阅、补充、修改等管理制度。

（3）设备的维修保养等有关资料应规定专人按规定项目登记入档。

（4）设备调出时，与该设备有关的资料需随同转交。

（5）企业的重点关键设备以及精、大、稀设备等的原始资料应单独建立档案袋。

工作过程

【任务实施】设备管理基础资料的相关知识学习

一、实施目标

（1）知道设备管理基础资料包括的内容。

（2）了解资产卡片一般包含的内容。

（3）了解设备台账和档案的相关知识，知道为什么要建立设备台账及如何管理。

二、实施准备

自主学习"知识链接"部分,通过网络等媒介了解设备管理的基本资料,并完成表1-2-8。

表1-2-8　学习记录表

课题名称			时　间	
姓　名		班　级	评　分	
随　笔	预习主要内容			
随　笔	课堂笔记主要内容			
评　语				

三、实施内容

(1) 通过网络、书籍等媒介,先自行简单了解设备管理的基础资料。

(2) 了解资产卡片一般包含的内容。

(3) 知道为什么要建立设备台账及如何管理,了解企业中设备卡片的内容等。

四、实施步骤

(1) 以组为单位,把每组按照行业类别进行简单划分,每组寻找两个不同企业的设备卡片,比较有何不同,并完成表1-2-9。

表1-2-9　不同企业设备卡片的比较

序号	名称	企业一	企业二	不同之处
1	普通车床			
2	计算机			
3	注射器			
4	输液器			

(2) 了解常用的设备档案表格有哪些。

(3) 调研企业设备卡片、设备台账等资料是否齐全,并做好统计工作。

任务评价

完成上述任务后，认真填写表 1-2-10 所示的"设备管理的基础资料评价表"。

表 1-2-10 设备管理的基础资料评价表

组别			小组负责人	
成员姓名			班级	
课题名称			实施时间	
评价指标	配分	自评	互评	教师评
课前准备，收集资料	5			
课堂学习情况	20			
设备卡片的收集比较	15			
设备档案表格制作	15			
去企业实地调研统计工作	20			
课堂学习纪律情况	15			
能实现前后知识的迁移，主动性强，与同伴团结协作	15			
总　　计	100			
教师总评（成绩、不足及注意事项）				
综合评定等级(个人 30%，小组 30%，教师 40%)				

 任务练习

1. 一般设备卡片基本包括哪些内容？
2. 设备台账有哪些？
3. 设备的档案包括哪些内容？

 任务小结

通过本任务的学习，了解设备管理基础资料的相关内容，掌握设备管理台账的建立和档案资料的建立及管理等。

任务拓展

阅读材料——某企业的机械设备管理制度

一、总则

(1) 机械设备管理的基本任务是：合理装备、安全使用、服务生产，为保证工程质量，加快施工进度，提高生产效益，取得良好经济效益创造条件。

（2）搞好机械设备管理的基本原则是：尊重科学、规范管理、安全第一、预防为主。

二、机械设备管理的台账档案

（1）项目经理部设备员负责所在项目经理部的机械设备技术资料的建档设账，其中《机械设备登记卡》、《施工设备组织计划》、《施工设备维修计划》、《施工设备购置申请表》、《施工设备报废申请表》各一式两份，一份自存，一份报生产科备案。

（2）机械设备台账应包括的内容。

① 设备的名称、类别、数量、统一编号。

② 设备的购买日期。

③ 产品合格证及生产许可证（复印件及其他证明材料）。

④ 使用说明书等技术资料。

⑤ 操作人员当班记录，维修、保养、自检记录。

⑥《大、中型设备安装、拆卸方案》，《施工设备验收单》及《安装验收报告》。

⑦ 各设备操作人员资格证明材料。

⑧《机械设备登记卡》、《施工设备购置申请表》、《施工设备报废申请表》、《机械设备检查评定表》、《施工设备验收单》、《设备运转当班记录》、《施工设备配置计划》、《施工设备检修计划》、《设备维修记录》、《早期购置机械设备技术档案补办表》、《租赁合同》、《自制简易设备技术评定表》。

凡设备技术资料（②、③、④）丢失或不全的，由生产科组织对设备状况进行鉴定、评定，填写《早期购置机械设备技术档案补办表》作为设备技术档案存档。

三、机械设备标识

（1）设备标识应制作统一的标识牌，分为大、中型施工设备，小型施工设备及施工机具三类。

（2）标识牌应按要求填写。项目经理部设备员应将由生产科施工设备技术监督员组织的每三个月对设备进行一次检查的结果填入设备标识牌的"检验状态"一栏中。检查结果分为合格、不合格、停用，同时施工设备技术监督员将检查情况填入《机械设备检查评定表》中。

（3）标识牌应固定在设备较明显的部位。

四、机械设备的组织

（1）凡属新开工工程，项目经理部应先根据该工程的实际情况编写《施工设备组织计划》，并报生产科施工设备技术监督员审批、备案。

（2）项目经理部设备来源可分为新购、调配、自有、租赁。

（3）项目经理部需购置新的大、中型设备时，生产科施工设备技术监督员配合项目经理部设备员填写《设备购置申请表》，报项目经理部审批。项目经理部需购置小型施工设备时，可根据施工生产需要自行购置。

（4）凡由项目经理部自行制作、改制的设备均要由生产科施工设备技术监督员组织进行评定审，评定合格才可投入使用，并由生产科施工设备技术监督员填写《自制简易设备技术评定表》。

五、机械设备租赁

（1）项目经理部租赁大、中型设备时，要签订《租赁合同》，并将《租赁合同》复印一份报生产科备案。

（2）租赁设备进场使用前，由生产科施工设备监督员组织对其性能进行评定、验收，验收合格后方可投入安装使用，同时将验收结果填入《施工设备验收单》中。

（3）租赁设备的管理应纳入项目经理部设备的统一管理中。

六、机械设备的使用管理

（1）机械设备使用的日常管理由项目经理部负责，即贯彻"谁使用，谁管理"的原则，生产科负责技术指导和监督检察工作。

（2）各项目经理部应聘任设备员，该设备员应具备机械设备基础知识和一定的设备管理经验。

（3）机械设备使用应按规定配备足够的工作人员（操作人员、指挥人员及维修人员）。操作人员必须按规定持证上岗。

（4）机械设备使用人员应能胜任所担任的工作，熟悉所使用的设备性能特点和维护、保养要求。

（5）所有机械设备的使用应按照使用说明书的规定要求进行，严禁超负荷运转。

（6）所有机械设备在使用期间要按《设备保养规程》的规定做好日常保养、小修、中修等维护保养工作，严禁带病运转。

（7）机械设备的操作、维修人员应认真做好《设备运转当班记录》及《设备维修记录》。各项目经理部的设备员应经常检查《设备运转当班记录》的填写情况，并做好收集归档工作。

七、施工设备的保养、维修

（1）施工设备的保养由项目经理部设备员组织操作人员、维修人员按各类《机械设备保养规程》进行，并由操作人和设备员分别填入《设备运转当班记录》和《设备维修记录》中。

（2）《施工设备检修计划》由项目经理设备员根据《各类机械设备保养规程》编制，并报生产科施工设备技术监督员审核、备案。

（3）施工设备的检修由工地结合实际情况，按《施工设备检修计划》进行，日常维修工作由设备员组织进行，设备员要将所有维修工作填写进《设备维修记录》。

八、设备的安装、拆卸、运输

（1）小型施工设备的安装、拆卸、运输，由项目经理部按设备使用说明书的要求进行，项目经理部设备员应做好相关记录。

（2）大、中型设备进场后由生产科施工设备技术监督员组织验收，验收合格后方可投入安装、使用，并由施工设备技术监督员将验收结果填入《施工设备验收单》中。

（3）大、中型施工设备和工程设备的安装、拆卸工作应由专业队伍完成，并事先由选定的专业队伍制定安装、拆卸方案，报生产科设备技术负责人审批。若拆装工作由非本公司队伍来承担，应先由生产科进行评审，评审通过后方可承担拆装工作。

（4）大、中型施工设备的运输，按《物资搬运操作规程》执行。

（5）大、中型施工设备和工程设备安装完毕后，应由生产科施工设备技术监督员组织，按有关标准对安装质量进行验收，并由施工设备技术监督员填写相应的《安装验收记录表》，验收合格后方可投入使用。

九、机械设备的停用管理

（1）中途停工的工程所使用的机械设备应做好保护工作，小型设备应清洁、维修好再进仓，大型设备应定期（一般一个月一次）做维护保养工作。

（2）工程结束后，所有机械设备应尽快组织进仓，进仓后根据设备状况做好维修保养工作。

（3）因工程停工停止使用半年以上的大型机械设备，恢复使用之前应按照国家有关标准进行试验。

十、机械设备的报废批准

（1）机械设备应予报废的情况。

① 主要机构部件已严重损坏，即使修理，其工作能力仍然达不到技术要求，且不能保证安全生产。

② 修理费用过高，在经济上不如更新合算。

③ 因意外灾害或事故，机械设备受到严重损坏，已无法修复。

④ 技术性能落后，能耗高，没有改造价值。

⑤ 国家规定淘汰机型或超过使用年限，且无配件来源。

（2）应予报废的机械设备，项目经理部应填写《机械设备报废申请表》并送生产科施工设备技术监督员审查、备案，大、中机械设备要送主管生产副经理审批。

（3）报废了的机械设备不得再投入使用。

项目三　设备管理的内容

设备的技术管理和经济管理是设备管理的两个侧面。

任务一　设备的技术管理和经济管理

设备的技术管理是指企业有关生产技术组织与管理工作的总称。设备的经济管理就是使设备运行经济效益最大化。

 学习目标

- 掌握设备技术管理的内容；
- 了解技术管理每项所包含的内容；
- 了解经济管理的内容。

 任务描述

通过本任务的学习，了解设备技术管理的内容和经济管理的相关内容，达到初步掌握的目的。

 知识链接

设备技术管理的目的是使设备的技术状况最佳化；设备经济管理目的是使设备运行的经济效益最大化。

一、设备的技术管理

1. 设备的前期管理

设备前期管理又称设备规划工程，是指从制定设备规划方案起到设备投产止这一阶段全部活动的管理工作，包括设备的规划决策、外购设备的选型采购和自制设备的设计制造、设备的安装调试和设备使用的初期管理四个环节。设备前期管理的主要研究内容包括：设备规划方案的调研、制定、论证和决策；设备货源调查及市场情报的搜集、整理与分析；设备投资计划及费用预算的编制与实施程序的确定；自制设备的设计方案的选择和制造；外购设备的选型、订货及合同管理；设备的开箱检查、安装、调试运转、验收与投产使用；设备初期使用的分析、评价和信息反馈等。做好设备的前期管理工作，为进行设备投产后的使用、维修、更新改造等管理工作奠定了基础，创造了条件。

选型适当与否在实现目标管理中所占的比重约为 60%，因为设备一旦投入使用，要解决选型不当引起的"胎里带"问题会费时费力。

安装调试对确保一次试车成功及今后设备的长期稳定运行起着关键性作用。

2．设备资产管理

设备的资产管理是一项重要的基础管理工作，是对设备运动过程中的实物形态和价值形态的某些规律进行分析、控制和实施管理。由于设备资产管理涉及面比较广，所以应实行"一把手"工程，通过设备管理部门、设备使用部门和财务部门的共同努力，互相配合，做好这一工作。

当前，企业设备资产管理工作的主要内容有如下几方面：

（1）保证设备固定资产的实物形态完整且完好，并能正常维护、正确使用和有效利用。

（2）保证固定资产的价值形态清楚、完整和正确无误，及时做好固定资产清理、核算和评估等工作。

（3）重视提高设备利用率与设备资产经营效益，确保资产的保值增值。

（4）强化设备资产动态管理的理念，使企业设备资产保持高效运行状态。

（5）积极参与设备更新及设备市场交易，调整企业设备存量资产，促进全社会设备资源的优化配置和有效运行。

（6）完善企业资产产权管理机制。在企业经营活动中，企业不得使资产及其权益遭受损失。企业资产如发生产权变动时，应进行设备的技术鉴定和资产评估。

3．设备的运行管理

人的一生要健康长寿，要具备良好的基因、得当的保养、合理的治疗，也就是我们常说的父母遗传和"三分治，七分养"。对设备来说也一样，遗传就指设备的规划选型；"三分治"指设备管理人员所从事的技术管理和备件支持及检修工作；"七分养"指现场岗位人员的操作、维护、保养、点检，设备管理人员要协助制定、监督、评价、考核，确保"养生之道和养生之法"的科学性，以及执行的规范程度和到位程度。

设备运行管理的核心就是使管理的各个环节实现制度化、规范化，制定"岗位作业标准""岗位点检标准""岗位维修标准""岗位给油脂标准"等若干岗位标准来保证运行的规范化管理。

4．设备的定修管理

定修制是一种在生产组织过程中对设备进行计划检修的基本形式，是以设备的实际状况为基础的一种检修管理制度，目的是经济、高效、安全地进行设备检修。

定修计划的科学性反映了企业设备管理水平的高低。项目的计划来源是三级点检的结果。点检人员根据设备的点检结果分析运行状态，参照设备状态管理模型，充分考虑检修周期、时间、经济性等方面后制定出项目、备件和材料计划。再者，定修计划是企业资源和社会资源优化的结果。组织者要根据设备状况和单位的生产经营情况，在充分考虑内外资源的前提下，制定出科学的检修时间、周期和网络图。第三，定修制是一种系统管理，要求组织者要系统地优化定修模型，达到安全、优质高效、经济的目的。

5．设备专业管理

设备的专业管理是企业内设备管理系统专业人员进行的设备管理，是相对于群众管理而言的。群众管理是指企业内与设备有关的人员，特别是设备操作、维修工人参与设备的民主管理活动。专业管理与群众管理相结合可使企业的设备管理工作上下成线、左右成网，使广大干部职工关心和支持设备管理工作，有利于加强设备日常维修工作和提高设备现代化管理水平。

6. 设备润滑管理

将具有润滑性能的物质施入在机器中作相对运动的零件的接触表面，是一种用以减少接触表面的摩擦，降低磨损的技术方式，其被称为设备润滑。施入机器零件摩擦表面的润滑剂能够牢牢地吸附在摩擦表面上，并形成一种润滑油膜，通过这种润滑油膜，零件间接触表面的摩擦就变为润滑剂本身的分子间的摩擦，从而起到降低摩擦、磨损的作用。设备润滑是防止、延缓零件磨损和其他形式损耗的重要手段之一，润滑管理是设备工程的重要内容之一。加强设备的润滑管理工作，并把它建立在科学管理的基础上，对保证企业的均衡生产、确保设备完好并充分发挥设备效能、减少设备事故和故障、提高企业经济效益和社会效益都有着极其重要的意义。因此，做好设备的润滑工作是企业设备管理中不可忽视的环节。

润滑的作用一般可归结为：控制摩擦、减少磨损、降温冷却、防止摩擦面锈蚀、冲洗、密封、减振等作用。

1）润滑管理的目的

控制设备摩擦，减少和消除设备磨损的一系列技术方法和组织方法，称为设备润滑管理。润滑管理的目的是：给设备以正确润滑，减少和消除设备磨损，延长设备使用寿命；保证设备正常运转，防止发生设备事故和降低设备性能；减少摩擦阻力，降低动能消耗；提高设备的生产效率和产品加工精度，保证企业获得良好的经济效果；合理润滑，节约用油，避免浪费。

2）润滑管理的基本任务

建立设备润滑管理制度和工作细则，拟订润滑工作人员的职责；搜集润滑技术、管理资料，建立润滑技术档案，编制润滑卡片，指导操作工和专职润滑工做好润滑工作；核定单台设备润滑材料及其消耗定额，及时编制润滑材料计划；检查润滑材料的采购质量，做好润滑材料进库、保管、发放的工作；编制设备定期换油计划，并做好废油的回收、利用工作；检查设备润滑情况，及时解决存在的问题，更换缺损的润滑元件、装置、加油工具和用具，改进润滑方法；采取积极措施，防止和治理设备漏油；做好有关人员的技术培训工作，提高润滑技术水平；贯彻润滑的"五定"原则，即定人（定人加油）、定时（定时换油）、定点（定点给油）、定质（定质进油）、定量（定量用油），总结推广和学习应用先进的润滑技术和经验，以实现科学管理。

二、设备的经济管理

经济管理是指在社会物质生产活动中，用较少的人力、物力、财力和时间，获得较大成果的管理工作的总称。

设备经济管理的内容包括：

（1）投资方案技术分析、评估。

（2）设备折旧计算与实施。

（3）设备寿命周期费用、寿命周期效益分析。

（4）备件流动基金管理。

工作过程

【任务实施】学习设备的技术管理和经济管理

一、实施目标

（1）掌握设备技术管理的内容。

（2）了解技术管理中每项工作所起的作用。

（3）了解经济管理的内容。

二、实施准备

自主学习"知识链接"部分，了解设备管理的内容，并完成表1－3－1。

表 1 － 3 － 1　学习记录表

课题名称			时　间	
姓　　名		班　级	评　分	
随　　笔	预习主要内容			
随　　笔	课堂笔记主要内容			
评　　语				

三、实施内容

（1）说出设备技术管理的内容包含哪些项目。

（2）说出技术管理每项工作的作用。

（3）了解经济管理的内容。

四、实施步骤

（1）通过查阅资料，更详细地了解设备技术管理的内容，并完成表1－3－2。

表 1 － 3 － 2　设备技术管理的内容

序号	项目	内容	其他
1	技术方面		
2	经济方面		
3	管理方面		
4	维修等		

（2）查阅资料，了解设备技术性能与设备运行费用之间的关系，了解设备技术性能主要与哪些因素有关，以及设备的运行费用主要与哪些因素有关，以组为单位归纳形成小结，并完成表1-3-3。

表1-3-3 设备技术性能的运行费用之间的关系

序号	关联者	存在的联系
1	设备技术性能与运行费用之间	
2	设备技术性能与其他因素之间	
3	运行费用与其他因素之间	

任务评价

完成上述任务后，认真填写表1-3-4所示的"设备的技术管理和经济管理评价表"。

表1-3-4 设备的技术管理和经济管理评价

组别			小组负责人	
成员姓名			班级	
课题名称			实施时间	
评价指标	配分	自评	互评	教师评
课前准备，收集资料	5			
课堂学习情况	20			
能应用各种手段获得需要的学习材料，并能提炼出需要的知识点	15			
查阅资料	15			
撰写报告	15			
课堂学习纪律情况	15			
能实现前后知识的迁移，主动性强，与同伴团结协作	15			
总　　计	100			
教师总评（成绩、不足及注意事项）				
综合评定等级（个人30%，小组30%，教师40%）				

任务练习

1. 设备技术管理的内容有哪些？
2. 对于设备，如何理解"三分治，七分养"这句话。
3. 选择一家稍微有点规模的企业，了解其设备技术管理及经济管理的模式。

任务小结

通过本任务的学习，知道设备技术管理的内容包含哪些项目，了解技术管理每项工作的作用和经济管理的内容，并从不同的方面来理解设备的"三分治，七分养"。

 任务拓展

阅读材料——设备改造革新管理

一、设备改造革新的目标

（1）提高加工效率和产品质量。

设备经过改造后，要使原设备的技术性能得到改善，提高精度和增加功能，使之达到或局部达到新设备的水平，满足产品生产的要求。

（2）提高设备运行安全性。

对影响人身安全的设备，应进行针对性改造，防止人身伤亡事故的发生，确保安全生产。

（3）节约能源。

通过设备的技术改造提高能源的利用率，大幅度节电、节煤、节水，在短期内收回设备改造投入的资金。

（4）保护环境。

有些设备对生产环境乃至社会环境会造成较大污染，如烟尘污染、噪声污染以及工业水污染。因此，要积极进行设备改造，消除或减少污染，改善生态环境。

此外，对进口设备的国产化改造和对闲置设备的技术改造，也有利于降低修理费用和提高资产利用率。

二、设备改造革新的实施

（1）编制和审定设备更新申请单。

设备更新申请单由企业主管部门根据各设备使用部门的意见汇总编制，经有关部门审查，在充分进行技术经济分析论证的基础上，确认实施的可能性和资金来源等方面的情况后，经上级主管部门和厂长审批后实施。

设备更新申请单的主要内容包括：

① 设备更新的理由（附技术经济分析报告）。

② 对新设备的技术要求，包括对随机附件的要求。

③ 现有设备的处理意见。

④ 订货方面的商务要求及要求使用的时间。

（2）对旧设备组织技术鉴定，确定残值，对不同情况进行区别处理。

对报废的受压容器及国家规定的淘汰设备，不得转售其他单位。目前尚无确定残值的较为科学的方法，但它是真实反映设备本身价值的量，确定它很有意义。因此，残值确定的合理与否，直接关系到经济分析的准确与否。

（3）积极筹措设备更新资金。

任务二 机电设备技术管理案例

在建立现代化企业制度的进程中，生产中的信息化、智能化、柔性化等因素逐渐渗透到管理领域，设备管理的思路与手段都在发生变革。

学习目标

通过案例学习，了解现代化企业设备管理的模式，对现代化的设备管理有个比较直观的了解。

任务描述

通过阅读理解案例，掌握企业的设备管理模式。

知识链接

案例——鹿化集团

一、设备检修制度

鹿化集团的设备检修制度在 1975 年以前不够完善，基本上处于什么时候出故障就什么时候修，坏什么就修什么的状态。1975 年，鹿化开展设备定期检查和评级活动，为计划检修打下良好基础。1978 年，鹿化实行"以预防为主，维护保养和计划检修并重，降低维修费用，使维修更好地为生产服务"的方针，此后又陆续制定了《设备动力管理责任制》《设备检修管理制度 》和《设备技术基础管理制度》，使设备检修工作逐步走上计划检修的轨道。1992 年以后，鹿化对一些主要设备又应用了定期状态监测和故障诊断技术。从此，鹿化设备检修工作逐步从"以计划检修为主"向"以预知检修为主"过渡。

1. 设备检修的分类和分工

鹿化设备检修工作，根据其检修范围和所需要更换零部件情况，分为大、中、小修三种类型 。检修的管理工作在设备副厂长和总工程师的领导下进行。属于主要设备大修或较大型复杂设备(如球磨机、发电机组和中高压锅炉)的中修，由设备处负责组织施工和管理。设备的定期小修和普通设备单台中修，则由各分厂自己组织修理。凡属分类管理的设备检修由各有关单位(处室)负责。

全厂汽车运输设备、铁路(包括其设施)和机车的检修，由运输公司组织安排与管理；计控处负责全厂生产计量、仪器、仪表的检修、校验的业务管理；行政处负责非生产设备和公用生活设施检修的组织与管理。

除上述三种基本检修类型外，还有系统停车大修和事后检修。根据生产和系统设备出现问题的情况而决定整个生产装置停机处理的，称为系统停车大修。系统停车大修成立检修领导指挥组负责管理。事后检修是指设备发生不可意料的故障或突发事故而被迫停机的抢修。事后检修由该设备原来所属部门负责组织与管理。

2. 检修计划的编制与调整

鹿化总厂检修计划分为：大修计划、中修计划、小修计划和临时抢修计划。

设备小修计划和临时抢修计划，由各分厂（单位）生产技术科结合生产实际情况自行编制和实施；设备中修计划，原则上由各分厂（单位）依据设备存在的缺陷、中修间隔期、备件准备和生产要求自行编制，报设备处汇总平衡，由设备处组织实施；设备大修计划由设备处编制，报自治区石化厅审批后实施。

设备大修计划的编制程序：每年9月上旬，各分厂和有关处室按厂部的总体要求编报下年度的设备大修计划，按规定要求最迟在10月中旬报送设备处。设备处根据各分厂（单位）申报的大修计划，会同总工室、计划处结合全厂生产的具体情况和所申报设备的技术状况、缺陷、隐患严重程度、修理内容、修理范围、修理工期、检修力量平衡以及资金来源、材料、备件的准备情况等，进行充分讨论、综合平衡，拿出统一的具体意见。然后由设备处整理编制出全厂的大修计划草案，报厂领导审核后，于11月底前上报区石化厅批准。

高炉、焦炉和硫普系统停机大修，因其修理范围广，内容项目多，工作量大，须提前6个月申报大修方案。

在每项大修计划实施过程中，要求推行ABC法、价值工程和网络技术，实现科学检修，确保大修计划顺利完成。计划处、总工室、设备处要经常深入现场，掌握大修进度，及时发现问题，大修中出现新的重要问题或检修项目增减变动较大时，要及时编制出调整计划，报厂领导审核并呈报区石化厅批准。

1980年以来，鹿化主要设备大修计划的完成率除个别年份较差外，其余都在90%至100%。

3. 检修的组织形式

鹿化设备检修的主要力量是机修厂，此外，各分厂（单位）配备有一定数量的机、电维修人员。

设备小修属于平常维修性质，各分厂（单位）根据设备实际技术状态自行规定小修间隔期，自行组织施工。

设备中修，由各分厂（单位）根据设备大修周期内的技术状况，结合生产情况作出中修安排，原则上自行施工或部分委托机修派员施工。属于发电机组，中、高压锅炉，球磨机等，由设备处负责组织施工。

设备大修，根据全厂生产安排情况和备件、材料、技术资料准备情况，由设备处组织安排检修队伍施工与管理。属于高炉、焦炉大修和系统停机大修改造，则在总厂设备副厂长领导下，成立大修领导小组，负责全盘安排与管理。

4. 检修质量的检验与试机验收管理

1984年以前，鹿化对设备检修工作的管理不够完善，存在重复检修或修后设备使用周期短的现象。

1985年，厂部重新修订和完善检修技术规程，并重申设备检修要严格执行检修技术规程，实行科学文明检修，提高检修技术水平，尽最大努力延长设备使用周期。由于各级领导和全体维修人员的重视，重复检修大大减少，设备使用周期也达到了预期的要求。

为了提高检修效率，规程强调必须做好修前的准备，如所需的备品配件、材料、工具和技术资料等要到位才能施工。检修要确保质量，规程规定检修过程的质量检查方法为：检修工人自检、互检，班长（或工长）检查，专职技术人员检查相结合。

检修要严守安全技术规程，在煤气区焊接检修或在电缆区域铺设地下管道及基础等，要采取特别可靠措施，办理动火、动土证等手续，并认真做到科学检修，文明施工，竣工后清理场地，做到工完料净、场地清。

大修工作全部完成后，要认真组织试机验收和办理交接工作，承修单位要提出详细的检修记录数据及有关情况记录，经过验收合格，才允许移交使用。

5. 设备检查和评级管理

鹿化从 1975 年开始实行设备检查评级活动，初期运作比较简单，只是检查设备完好率、泄漏率和评比"红旗设备""一类岗位"。检查完后作讲评总结，列出名次，以示表扬 。

二、设备评级制度

1981 年，鹿化进一步核定全厂受检设备台数和清点静（动）密封点的总数。重新修订对设备进行"月检查、季评比"的设备评级管理制度，并与奖金挂钩，使设备检查评级管理逐步趋于完善。

1. 检查评级范围和内容

（1）凡属在用（包括备用）的生产、辅助生产机械动力设备、起重运输设备、仪器、仪表等均属检查评级对象。设备核定为完好与不完好两级。

（2）正在检修的设备，按检修前的技术状况定级。

（3）停用一年以上的设备，不列为检查评级对象。

（4）在检查评级设备的同时，还要按标准对"红旗设备""一类岗位"进行检查评比，够条件的就命名挂牌，不达到标准要求的就抹掉，不搞"终身制"。

（5）同时还检查静（动）密封点的泄漏情况，制度落实情况，操作工"五包"、维修工"四定 "、"三包"的执行情况。

（6）各种台账、档案和操作记录（图表）是否整齐、准确，操作工和维修工责任制是否贯彻得好，工作作风是否过硬，等等都要检查评比。

2. 检查评级标准

设备检查评级标准："红旗设备""一类岗位"评比标准，均按照化工部颁发的统一标准执行；其他检查评比，按照鹿化制定的标准执行。

3. 检查评级时间

设备检查评级时间，总厂规定各分厂每月进行自检一次，时间一般在当月的 27 日至 30 日进行 。由分厂设备副厂长组织技术人员、设备管理员、维修工长（班长）、电工、仪表工和安全员等，对本单位所有生产设备按评级标准、细则条件进行全面、认真的检查、评级。检查中发现的缺陷、隐患与不安全因素都要详细记录，并及时进行整改。在月初将上个月设备检查评级情况总结汇报总厂设备处存档。设备处根据情况，不定期地对某些分厂检查评级情况进行抽查和核对。

鹿化规定：每季度末，由总厂设备处组织的专业管理人员，分厂主管设备副厂长、技术人员、维修工长（班长），生产、安全、工会等部门的人参加，按上述检查评级范围、内容和标准，对全厂设备、管道进行全面的检查评级和打分。

4．总厂季度检查评级方法

（1）将参加人员分成四个小组（动力设备两个组，电器一个组，仪器、仪表为一个组），按照区域或单位，落实各个组的任务，指定组长、副组长带领进行检查工作。

（2）先由设备所在单位的领导将当月自检情况和管理工作向检查组作简要汇报，然后根据台账、档案是否按规定登记，填写是否有差错、涂改等进行评级打分。

5．评分与奖励

在设备检查评级中，按有关标准进行评比打分，评出第一、第二、第三名优胜单位，分别按该单位职工月工资总额的 5％、4％、3％给予一次性奖励（开始实行时是按 3％、2％、1％给予奖励）。

三、备品配件管理

1．备件管理职责分工

抓好备品配件管理是搞好设备管理和检修工作的重要物质保证。

1982 年年底以前，鹿化备件管理比较薄弱，不少备品配件坏了才去加工或缺了才去采购，不但影响了设备及时检修，也影响了生产。

1983 年以后，鹿化决定将备件管理划分成三大块来管理，备品配件管理工作才逐步走上正轨。第一块属于非标准备件、工程机械备件、液压润滑件、密封件等的供应和管理，由设备处负责管理（下设备件仓库）；第二块属于标准件（五金类）、生产消耗件、二类机电产品、刀量具、高中低压阀门等的供应与管理，由供应处负责管理（下设生产材料仓库）；第三块属于各种汽车以及机车备件的供应与管理，由运输公司负责管理（下设汽车备件仓库）。各分厂还设有小备件库，主要储存一些生产上的易损件和消耗件。

2．备件的分类

鹿化使用的备件，按设备运行的零部件磨损、腐蚀规律和使用寿命长短分为易损耗备件、常用备件、大修备件和事故备件。

使用寿命在三个月以内的为易损耗备件；使用寿命在三个月至一年左右的为常用备件；使用寿命在一个大修周期以上预备在大修时更换的为大修备件，大修备件从大修费列支，不计入生产成本，单独进行核算；加工工艺复杂、难度大，使用期限在 5 年以上的列为事故配件，事故配件不包括在库存周转定额内，但要列出明细表报上级主管部门审批。

3．备品配件定额管理

备品配件定额管理的好坏与降低生产成本，减少积压浪费，加快资金周转有着密切关系。

1975 年以前，鹿化备件定额管理不够严格，随意加工、盲目采购比较普遍，造成有的过剩而积压浪费，有的不足而不能及时供应，影响了生产维修。

1976 年厂部发动全厂设备管理人员认真整理以往的运行记录和检修更换备件台账，按设备总台数和备件的品种、规格逐项进行统计和核定，为编制备品配件计划和储备定额打下了良好基础。

1978年，厂部要求各车间设专人管理备品配件，会同车间设备员做好备件消耗的原始记录，具体记录每次检修更换备件的情况，以此作为消耗定额和储备定额的依据；同时，建立各台主要设备历年备件消耗台账，详细掌握各种备件使用周期，以此作为确定每年备件消耗定额、储备定额和资金定额；在进行详细核算和落实消耗定额的基础上，制定物资储备定额和流动资金定额。

1988年以后，由于生产的发展和市场物价不断上扬，原来核定的备件流动资金已不能适应，需重新修订。设备处按各分厂（单位）的实际需要和同行业的先进消耗水平，编制全厂备品配件消耗定额和储备定额，每2至3年修改补充一次。新增设备的备品配件消耗、储备定额也要在调整定额时予以补充。

4. 备品配件计划的编制与执行

1）外购备件计划的编制

鹿化编制备件生产（加工）和外购计划是以各分厂所申报的计划为基础的。厂部规定各分厂（单位）按消耗定额、储备定额及库存情况，以及所需数量和交货日期，全面编制本单位下年度外购备件（本厂不能加工的，如铸钢件、高精密齿轮等）所需计划，并规定在每年8月下旬报送设备处。设备处对各单位的申报计划进行审查综合平衡，分类汇总，在此基础上制定出备件的外部订购计划，并呈厂领导审批。各单位的大修计划要在施工前4个月申报和订货，一些加工工艺复杂、精度高、难度大的备件，要求提前8个月申报和订货，以保证备品配件的及时供应。

2）内部加工备件计划的编制和生产

鹿化的自给备件主要由机修厂统一安排加工生产，各单位在每年10月下旬将本单位下一年度属于机修生产的自给备件计划报送设备处，经设备处审查汇总交计划处统一平衡，经设备副厂长批示后下达给机修厂。在执行过程中，各单位对原来计划有增减或变更要求，需与设备处协商，经同意后放到季度或月度作业计划加以调整安排。

机修厂按照备件生产的具体情况，对加工进行全面的布置，包括材料规格、材质、数量和工具、模具的准备等。在组织加工时，要本着先厂内，后厂外，先急件，后缓件，先大修，后备用的原则，对易损件和常用备件则按季度或月度的作业计划完成。

5. 备件仓库管理

全厂仓库实行二级管理。厂部设有生产材料备件总库和设备备品备件总库；分厂设二级仓库。厂部两个总库分别储存属于标准备件、生产消耗件、刀量具和非标准备件、工程机械备件、液压密封备件等；二级仓库原则上只是储备本单位所用的备件和消耗件以及易损件。

不论外部订购备件还是机修厂生产的自给备件，凡到货后都要按单据或发票由计划员填写入库单，一式四份，按规定呈送各有关人员进帐；然后会同仓库保管员，重要（昂贵、精密）备件还要邀请有关技术人员参加共同验收入库，不合格备件一律不准入库，并及时通知厂方来人处理。

备件入库后要进行严格的维护保养管理。首先要分清品种、型号、规格再进行放置，凡能上货架的放上货架，大件、重件要垫高，整齐放平；其次要注意做好涂油防锈、通风防潮工作；第三要坚持定期检查，保持一类仓库或向一类仓库努力，即保证做到保管"四对口"（帐、物、卡、金额对口）、"四清"（数量清、规格清、质量清、定额清）、"五不"（不锈蚀、不损坏、不丢失、不腐烂、不变质）、"六有"（增添有计划、到货有验收、管理有手续、储备有定额、定期有盘点、盈亏有分析）。

各单位领取零配件，除领料员开单签名外，须经单位主管设备的领导签名并加盖公章，仓库方能发货。

四、设备安全管理

鹿化从 1965 年投产以来，就一直重视设备安全管理。初期，强调工人上岗操作一定要以老带新，凡发生事故都要认真分析原因和追究应承担的责任。

1975 年，鹿化强调通过教育培训才能上岗操作，对设备事故要写出详细的事故分析报告。

1982 年以后，鹿化则强调操作工要通过考试合格，持证上岗，发生事故按照"三不放过"的原则认真分析处理。

1. 设备事故分类

根据化工部颁发的《设备事故管理制度》规定，凡是因非正常损坏，致使设备停止运转或降低效能者，均为设备事故，按造成停产时间、产量损失或修复费用大小划分为特大设备事故 、重大设备事故、一般设备事故和微小设备事故四种。

（1）特大设备事故：设备损坏造成全厂性停产 72 小时以上；三类压力容器爆炸修复费用达 50 万元的为特大设备事故。

（2）重大设备事故：设备损坏，影响多系统装置产品（成品或半成品）产量日作业计划损失 50%；大型单系列装置日作业计划产品产量损失 100% 或修复费用达 10 万元的为重大设备事故。

（3）一般设备事故：设备损坏，影响产品产量日作业计划损失 10% 以上或修复费用达一万元的为一般设备事故。

（4）微小设备事故：设备损坏，影响产品产量日作业计划产量和修复费用低于一般事故的均为微小事故。

2. 设备事故的损失计算

修复费用即损坏部分修理费，包括人工、材料、配件及附加费等。相关计算公式如下：

减产损失＝减产数量×工厂年度计划单位成本

损失成品（半成品）的费用＝损失数量×计划单位成本

（注：其中未使用的原材料等一律不扣除，以便计算；无核算的半成品可估算。）

3. 设备事故的调查处理

设备发生事故后，由各有关分厂（单位）认真进行调查分析处理，本着"三不放过"的原则（即事故原因分析不清不放过；事故责任者和群众没有受到教育不放过；没有防范措施不放过），找出原因，提出防范措施，研究修复方案。对情节严重的，要向全厂通报，对违反纪律，造成严重事故者，要严肃追究责任。

（1）发生特大设备事故，应及时采取紧急措施，防止事故扩大。同时，立即向上级主管部门和化工部报告，如事故仍在继续，则每隔 24 小时报告一次。事故所在单位七天内写出事故报告，报总厂有关部门，总厂在 10 天内整理上报区石化厅和化工部。

（2）发生重大设备事故，事故单位应立即采取紧急措施，防止事故扩大，主管设备副厂长及时组织安全、生产、设备等部门参加，组成调查组进行调查处理。

（3）发生特大、重大设备事故均要及时填报"重大设备事故报告表"，每季 10 日前随设备动力专业季报一并上报。

（4）发生一般设备事故和微小设备事故，以事故单位主管领导组织有关人员，设备处派人参加，研究分析，找出事故原因，吸取教训，提出整改措施，对事故责任者进行必要的处理。

（5）非设备本身原因造成的设备事故，由事故单位组织调查处理，并写出事故报告。设备处派人参加事故的分析处理工作。

4. 鹿化 1980 年以来设备事故简况

1981 年，钙镁磷肥厂 3 号球磨机主轴瓦烧坏，损失费 1.15 万元。

1984 年，钙镁磷肥厂 5 号磨机二道轴轴承座地脚螺丝被拉断，损失费 4500 元。

1985 年，钙镁磷肥厂空压机曲轴开裂及箱体破裂，损失费 9600 元。

1986 年，钙镁磷肥厂 10 吨吊车提升电机烧坏，损失费 7500 元；冶炼厂烧结车间 3 号风机因震动过大，致使轴承座及电机轴受损变形，损失费 6500 元；冶炼厂 7 号风机轴及轴承烧坏，损失 1.15 万元。

1988 年，钙镁磷肥厂 2 号球磨二道轴折断，损失费 1.34 万元。

1994 年，冶炼厂 1 号风机增速箱高速轴折断，损失费 2.54 万元。

1995 年，炼焦厂 2 号卸煤机提升电机烧坏，损失费 6300 元。

1997 年，发电厂引风机叶轮脱出，碰烂变形，损失费 1.65 万元。

从 1980 年以来，鹿化设备事故只有 10 次，而且都是一般事故和微小事故，损失费共计 11.27 万元。

五、设备管理简况

鹿化是在原柳钢鹿寨分厂基础上改建的，1965 年初建成投产。大多数设备是五十或六十年代初遗留的旧设备，有的已经老化，有的超期"服役"。不少设备设计制造不成熟，工序设备互不配套，一些设备结构不合理、效率低，导致生产过程故障率高、产量低。例如，两座 38 立方米的炼肥高炉，单炉日产量在 250～320 吨之间徘徊。鹿化从 1980 年起相继对两座 38 立方米炼肥高炉及有关设备进行技术改造，由高瘦形炉型改造成矮胖腰鼓形炉型，热风炉也相应由管式热风炉改装为较先进的考贝式热风炉，球磨机也由原来的 1.83×6.12 米改装为产量较高的 2.2×6.5 米的球磨机，料场的上料作业线也进行了全面的技术改造，建成机械化与自动化相结合的上料筛分系统，从根本上摆脱了原来铁铲与手推上料的落后面貌。经过改造，整个生产装置技术水平大大提高，两座高炉容积由原来的 38 立方米分别增加到 42 立方米和 45 立方米，钙镁磷肥年生产能力由原来的 10 万吨增加到 25 万吨。操作条件改善，效率提高，实现了优质、高产、低耗、文明生产，尤其在节约能源、提高经济效益方面取得了十分显著的成绩。化学工业部于 1983 年 3 月组织上海化工研究院、湖南化工研究所、南化公司设计院等 25 个单位 120 多人，对鹿化高炉等生产装置进行系统测试和评价。他们测试得到的主要数据是：高炉单炉日产钙镁磷肥（半成品）达 556～567 吨，比改造前增产 245～270 吨，实物焦耗 150～155 吨（标焦）每吨肥。他们认为："这样高的产量和低的焦耗在全国钙镁磷肥行业中是十分先进的"。

截止 1997 年底，鹿化共有生产设备 1870 台（套），其中机械设备 869 台（套）、运输设备 94 台、工艺设备（静态）391 台（套）、电器设备 498 台（套），总装机容量 11738.85 千瓦，电力电缆 1394 米、工艺管线 13975 米（未包括 1994 年兴建的桂中水泥厂设备）。

1975 年以前，设备管理工作由技术科管理，分管设备的技术人员只有 1～2 人，由于人手少，制度不健全，加之"文化大革命"期间极"左"思潮的影响，纪律松懈，一些行之有效的管理制度被视为"管、卡、压"而被取消，造成设备技术状况比较差，不少设备带病运行，不同程度地影响了生产。另外，一些技措和改造项目未经详细对比分析和可行性论证就急忙乱拆乱改，草率动工兴建。结果一些新增和改造装置安装建成后，由于工艺不对路或设备选型未能满足生产要求而长期被搁置，造成极大浪费。从 1968 年至 1976 年间，类似问题造成的浪费累计达 150 多万元。

中共十一届三中全会以后，鹿化的设备管理工作逐步加强。1979 年 2 月，鹿化作出《加强设备管理，全面建章立档，保障生产发展的决定》。随后全厂进行清产核资，进一步摸清家底，重新编制了全厂设备目录、台账、卡片和档案，使设备管理工作逐步走上正规化、制度化。

1982 年 3 月，鹿化重新修订设备检查评级制度，厂部坚持每季度组织进行一次设备大检查和评级活动。各车间每月进行一次设备检查工作，并将情况总结汇报厂部设备科。此后，鹿化先后颁发了《设备动力管理责任制》、《设备前期管理制度》、《设备维护保养制度》、《设备检修管理制度》、《设备技术基础管理制度》、《设备密封管理制度》、《设备润滑管理制度》、《锅炉、压力容器管理制度》、《设备评级管理制度》、《设备事故管理制度》、《固定资产管理制度》、《仪器仪表管理制度》、《供用电管理制度》等有关专业管理制度。由于健全了制度，落实了检查措施，增强了职工的责任感，全厂形成了爱护设备，管好、用好、修好设备的良好风气，从而保障了设备技术状况经常处于较好的水平。1986 年主要生产设备完好率 95％，净产值设备修理费用率 2.01％，设备故障停机率 4.68％，设备新度系数 0.66。在企业转换经营机制、深化内部改革的总体目标下，鹿化逐步对传统性设备维修管理制度进行了改革，树立对设备"一生"管理的观念，从静态管理逐渐向动态管理转变，从"以修为主"转变到"以预防为主"，从事后维修和单纯以时间周期为依据的计划检修逐步转变到以设备的实际状态为科学依据的预知检修的轨道。

1989 年编制了 44 种设备检修技术规程，1994 年又编制了《电气设备完好标准》等 7 项制度。

1. 设备的日常管理

鹿化总厂设备的日常管理主要实行"专业管理与群众管理相结合""技术管理与经济管理相结合""预防为主与检查评比相结合""维护保养与计划检修相结合"和"检修与改造相结合"的原则，逐步建立和健全操作规程、检修规程以及监测校验规程，做好设备运行、检修、设备故障和交接班的原始记录，对重要设备和主要设备要求建立、健全设备技术档案。

1973 年以前，鹿化设备的日常管理基本是操作使用与维修保养分家。

1974 年起，厂部总结了动力车间多年来操作工参加汽轮发电机组检修的成功经验，并在全厂推广，要求工人"既当操作工，又做检修工"。此后操作工与维修工结合为一家，积极参加检修，1974 年还对主要设备实行按运行周期计划检修。

1975 年，鹿化开展设备定期检查评比活动。

1978 年，鹿化实行包机包修责任制，即操作工实行"五包"，并做到"四懂三会"和对设备维护要求达到"五不"，即不缺、不松、不漏、不堵、不脏；对维修工实行"四定"和"三包"，即定人、定机、定岗、定责，包维修职责的完成，包密封点的堵漏，包巡回检查与及时填写维修记录。在所有运转设备上都挂上醒目的标牌，落实谁运转操作，谁负责检修维护。

1981 年，鹿化实行设备检查评级活动与奖金挂钩，将每季度检查评级工作按每个分厂所获得总分的高低，总结评出一、二、三名，分别给予该分厂职工月工资总额的 5％、4％、3％的奖励。由于采取了这些措施，鹿化的设备日常管理逐渐趋于完善，形成专管成线，群管成网。

2. 设备更新与购置

1981 年以前，鹿化对设备更新与购置的管理比较混乱，各车间存在乱拆除、乱迁移和随意更新的现象。由于没有按一定程序审批、把关，不少项目出现因考虑不周或设备选型不当等问题，造成极大浪费。据 1975 年至 1980 年的统计，装上不能使用或不好用的设备就有 25 台（项），共计损失 35 万元。

1981 年，为了防止乱拆、乱搬和盲目更新的现象，厂部通过会议作出明确规定：全厂更新设备的购置要统一管理，强调要按一定程序申报、审批后，方能实施。

随后，鹿化制定了《固定资产管理试行草案》，明确各单位有关职责：每年 11 月前各分厂要提出下一年度的设备技术措施和设备更新、改造及零星购置计划，分别报给厂备处和总工室。设备更新、改造所需的设备计划，由设备处负责审编；技术措施、新产品开发及新建、扩建项目所需的设备计划，由总工室负责审编；计划处负责计划的汇总，并会同设备处、总工室、财务处对计划进行统一审查和综合平衡工作，送厂长批准后执行。

对审编计划的要求：各部门在审编计划时，既要考虑生产发展的需要，又要充分发挥现有设备的潜力，还要考虑企业的资金筹措能力。对主要关键性设备（昂贵设备），在编制计划时应进行可行性分析论证，要全面分析研究投资额、年维修费用（估计）、预计投资回收期、寿命周期、费用评价，对设备的先进性、可靠性、维修性、效率、性能、能耗、外观和安全环保等方面进行评价。最后，要从两个以上可行性方案中分析对比，筛选出最佳方案，并写出可行性分析报告。

设备更新计划一经批准确定，交由供应部门订货采购。供应部门按确定的设备机型和生产厂家，向生产厂询问、协商具体订货事宜，并签订订货合同。若机型和生产厂家变更时，要与有关部门协商并经主管设备副厂长认可，不允许自行更改和自行决定。

设备到货后由采购单位负责与运输部门联系到站提货，并按指定地点卸货，同时组织有关人员进行认真验收，填写"设备入库单"，办理入库手续。使用单位提领设备时，应填写"设备领用单"，经审批后办理出库手续。在新设备出库的同时，必须办理旧设备的转移、报废等手续，报废的设备要运到设备处的备品配件仓库或按指定地点存放。

新设备安装由设备处或会同使用单位具体负责，完工后组织试机验收，经项目技术负责人员认可后，填写"设备安装施工验收单"作为财务结算凭证。整个工作完毕后，该设备所有技术资料统一交设备处入档，进行编号、建立台账和操作规程，列入正常管理。

3. 设备的报废与封存

鹿化的设备报废管理工作从 1981 年以后才逐渐规范化。对于各基层单位需要报废的设备，首先将情况汇报设备处，经设备处组织有关人员进行鉴定认可后，才允许填写《固定资产报废申请报告单》，由设备处统一汇总并转财务处复审，再经总厂主管设备副厂长批示签字，然后由设备处行文报上级主管部门批准。对申请报废设备的附机，凡仍有使用价值并可列为固定资产的，由设备处估价另立卡片列固定资产台账，不能随主机一同作报废处理。若未达到固定资产标准(价值800元以上，使用年限在一年以上者)，尚有使用价值的附机，由设备处回收存放于备品配件库，作为厂内调剂使用。经上级主管部门批准报废的固定资产设备，由设备处及时消除账卡。变卖报废设备，由主管设备副厂长组织设备处、财务处、计划处共同议价，由设备处办理变卖手续，其残值一律由总厂财务直接回收，列入设备改造、更新专项费用。

暂时未安装使用的设备和生产安排上的某些原因需要封存的设备，由分厂(单位)填写"固定资产设备封存报告"报总厂设备处，经主管设备副厂长批准后，方可封存。被封存的主要设备由设备处汇报上级主管部门备案。

被封存的固定资产设备必须是完好设备，若是存在缺陷，必须通过检修消除后再行封存，并停止提取折旧费。各分厂(单位)根据生产的发展，需要使用封存设备时，必须填写"使用封存设备申请报告单"报设备处，经主管设备副厂长批准后，方可启封使用。同时，设备处须将信息反馈给财务处和上级主管部门备案，财务处按期列入提取折旧费。

 工作过程

【任务实施】学习机电设备技术管理案例

一、实施目标

(1)通过案例了解现代化企业设备管理的模式。

(2)对现代化的设备管理有比较直观的了解。

二、实施准备

自主学习"知识链接"部分，了解鹿化设备管理情况，并完成表1-3-5。

表1-3-5　学习记录表

课题名称			时　间	
姓　名		班　级	评　分	
随　笔	预习主要内容			
随　笔	课堂笔记主要内容			
评　语				

三、实施内容

（1）仔细研读鹿化集团设备管理的主要项目。

（2）总结鹿化设备管理的经验。

四、实施步骤

（1）以小组为单位讨论案例的设备管理模式。

（2）查阅资料，了解 TPM 的管理模式，并寻找应用这种设备管理模式的企业，以便深刻理解 TPM。

 任务评价

完成上述任务后，认真填写表 1-3-6 所示的"机电设备技术管理案例评价表"。

表 1-3-6　机电设备技术管理案例评价表

组别		小组负责人	
成员姓名		班级	
课题名称		实施时间	
评价指标	配分	自评	互评	教师评
课前准备，收集资料	5			
课堂学习情况	20			
能应用各种手段获得需要的学习材料，并能提炼出需要的知识点	15			
小组讨论	15			
鹿化集团的备件管理情况	15			
课堂学习纪律情况	15			
能实现前后知识的迁移，主动性强，与同伴团结协作	15			
总　　计	100			
教师总评（成绩、不足及注意事项）				
综合评定等级（个人 30%，小组 30%，教师 40%）				

任务练习

1. 鹿化集团从哪些方面对设备进行了全方位的管理？

2. 关于设备的更新与报废，鹿化集团是如何管理的？

任务小结

通过本任务设备管理案例的学习，了解现代化企业设备管理的模式，对现代化的设备管理有比较直观的了解，对设备的检修、备件、安全、更新以及报废等方面都有了一个综合的印象。

阅读材料——海尔集团

海尔集团 5 年来通过实施"流程再造"，已使企业的管理基本实现了信息化、扁平化、网络化。海尔的设备管理工作也在原有的基础上进行了大胆创新，使其与本企业的生产环境与企业文化相融合，形成了独具特色的"流程再造"中的设备管理模式。

一、思路创新为设备管理工作带来无穷活力

海尔集团根据业务流程再造，将原先十几个产品事业部（即冰箱公司、洗衣机公司、空调公司等）的设备处整合成立了青岛海尔设备管理有限公司，引进市场竞争机制，以内部市场为导向，以效益为中心，紧紧围绕企业发展方向，优化组合各种生产要素，开创了设备管理工作的新格局。

1. 建立起以区域承包为基础的市场链机制

整合初期，集团从事设备管理工作的人员有 508 人，维修工的管理较为松散，设备管理以抢修为主，由于责任不清，经常耽误生产。为此，海尔设备管理部以设备的区域承包为基础，建立起了对停机时负责的市场链机制，即所有的设备都承包给具体责任人，无论何时，只要设备停机，就向责任人索赔。此举迅速调动起了维修工的积极性，设备停机以抢修为主转变为以预防检修为主，通过很多具体的典型案例来转变全体人员的观念，各事业部停机次数直线下降，平均每月降幅都在 20% 以上。

设备区域承包的市场链机制建立后，虽然责任划清了，考核明确了，但并未细化。为此，海尔又建立了每天日清的考评排序即时激励机制。每天考评停机时间，并通过排序找出最优及最劣案例，每天班前会剖析讨论，使维修工在服务意识和方法上都有所改进。此举使整体考评工作细化，停机时进一步下降，洗衣机、计算机等事业部都接近了零停机。

2. 开展流程咬合，搭建基础管理平台

根据集团人思路和本部的要求，加强设备职能管理，通过搭建平台进行流程咬合，使设备达到零停机。以此为目标，设备管理部与各事业部横向签订了现场设备管理的 SST（索赔索酬跳闸）操作平台合同，纵向与各设备处长、设备管理人员及维修工签订了停机时承包合同，将市场目标转化到内部每个人，使每个人都有他的市场和市场目标。设备管理人员必须每天进行技术分析，提出预防检修计划，对其承包区域的停机时负责；维修工必须每天进行预防检修，并根据设备的维护标准对操作工进行检查考核；操作工必须每天按平台要求维护、保养、润滑、使用好设备。维修工与操作工通过两长 3E 卡联系在一起。为了更好地培训操作工，要求维修工在发放索赔单时必须写明索赔原因与正确的操作方法，

把索赔单变成培训单，效果较好。通过以上措施，设备由维修状态逐渐过渡到维护状态。此方法的推行以转变人员观念为先导，通过对门体发泡线等案例的讨论，使全体人员的观念逐步转变到"零停机的观念""设备不好是人不好的观念"及"流程咬合使流程加速的观念"。

3. 开展"资源存折"活动

通过日常管理发现，企业流程再造和市场链流程再造的过程中，不是人人都明确自己的市场目标，原因是基于"资源存析"激励模式的 SBU（Strategy Business Unit，即每个都是盈亏单位）体系尚未建立。管理者可以试着以一个管理员作为 SBU，以停机、节拍、完好率、费用等用为资源存折项，把他经营成一个 MMC（Mini Mini Company），对外对市场目标负责，对内给员工创造一个创新的空间。

如冰箱系统吸附机维修工刘克泉针对吸附机耗能的瓶颈问题进行了改造。每台吸附机有主、预加热器四套，改造后每套主、预加热器可少用 20 块加热板（每块 1 kW），每小时可以节电 30 kW/h。每台吸附机每小时节电 120 kW/h，三台吸附机每小时节电 360 kW/h，每天按 20 h 计算，节电 7200 kW/h。三台吸附设备的三台真空泵改造后每天可少用两台，真空泵电机功率 5.5 kW，每小时节能 $5.5 \times 2 = 11$ kW/h，每天（按 20 h 计）节电 220 kW/h。通过以上两种方法，吸附机每天可以节电 7420 kW/h。企业将这项改造成果存入刘克泉的"资源存折"，以据此发放工资。

二、管理创新提高了设备管理整体实力

由于全球化竞争日益加剧和信息网络时代的到来，企业内部的管理必须适应外部市场日新月异的变化。在新经济下，海尔集团要实现业务流程化、结构网格化、竞争全球化的战略目标。设备管理作为企业管理的基础，是决定生产效率、产品质量的重要环节。因此，设备管理与维护必须与市场接轨，与国际接轨。

1. 以创新启动 TPM 互动小组活动

青岛海尔设备管理有限公司为了提高维修人员与操作工端对端、实现零距离服务的意识，提出由现场维修工和操作工共同成立 TPM 互动小组。要求各支持处所有人员必须自主面对市场，主动与操作工沟通，从完好、节拍等项着手抓好存在停机隐患设备的维护及预防工作；通过与产品事业部的沟通，进一步了解其需求；对到动小组提出的各种问题都进行有效改进，更好地满足了生产需要。通过小组活动解决了很多设备节拍及产品质量提高等方面的问题，涌现了很多较好的小组，如电子事业部的波峰焊 TPM 互动小组、中一的发泡吸附小组、住宅设施小区、中二的钣金小组等。

设备事业部通过实施"设备例保市场链"，重点抓设备现场工作，主要抓设备完好率和设备例保润滑维护。按照 TPM 工作思路，从设备事业部、设备处、维修工到产品事业部、分厂管理员、操作工、全员开展设备场工作，分别从横向和纵向制定标准平台并检查考评。

设备事业部对各产品事业部制定"海尔集团设备维护保养 9A 评价平台"，每周由审核队对集团所有产品事业部进行设备例保检查，检查结果在集团内部网上通报；设备事业部对各设备处制定"设备完好维保 9A 评价标准平台"，每周由审核队对 13 个设备处进行设备完好、维保检查及优劣考评；设备处组织产品事业部各分厂每周进行现场联检，在事业部范围内排序，并制定考核平台进行优劣考评；设备处根据每台设备的完好标准进行检查，

将红黄牌挂在设备上，依据红黄牌机台考核平台激励操作工作和班长、车间主任。

公司各给人员均以30％的工资作为设备现场状况考核的奖励基金。设备处根据每台设备的考评结果对维修工打分，再乘以30％工资作为设备完好率考核结果。同时，维修工对操作工继续通过索赔培训单进行考核。

2. 开展"节拍经理"和"维修工人星级技能评定"活动

传统设备管理的任务主要是抓设备的完好率和生产保障，但随着市场竞争的日趋激烈，谁能快速响应用户的需求，谁就能赢得用户，所以设备的生产速度即节拍变得越来越重要。公司在每个产品事业部的设备处设置一名专职"节拍经理"，依据设备节拍的提高效果拿工资。从工艺流程入手研究设备生产节拍，通过解决设备瓶颈问题，直接带动整个工序和产品事业部产量的提高。例如电子事业部彩电总装线成品打包工位，因多道工序集中于此，生产节拍慢，现场混乱。电子设备处在该工位召开现场会，征求意见，会同工艺、质量等部门共同研究，"节拍经理"最终制定了一个大胆的改进方案，将成品提升机整体后移，中间加装滚筒线，增加放垫块的工位；将整条储板线全部外移，加装自动上下板机构及传送机构，增加储板量，使成品下线的节拍提高了20％以上，有效地解决了瓶颈问题。完成此项改造的"节拍经理"刘姗姗的工资也得到相应提高。

维修工人星级技能评定的目的是完善对维修工的考核机制，合理确定维修技师的技术等级并与工资挂钩，以激发维修人员的学习热情，提高全体维修人员的技能水平，确保零停机目标的实现。星级技能评定适用范围是设备事业部各支持处，具体操作分为岗位称职情况考核和星级职称的评定。

岗位称职情况考核分为优秀、良好、合格和不合格四种，同时满足以下条件为合格，否则为不合格。设备停机时：考核阶段中4个月以上不超过停机时否决线；安全：按照设备公司安全程序文件规定，维修工承包区域未出现发全事故；服务满意度：考核阶段中，受到产品事业部投诉次数少于两次；月度优劣考核：月度最劣少于两次；1010排序：部门月度1010排序（1010是集团抓两头、带中间的一种激励、纠偏办法，即树立前10％为榜样，推广经验；考核后10％作为案例，教育、警示其他人），排在最后两名的次数累计少于两次等。

星级按标准分总分定为一至五星级，工资待遇评上星级的技师工资为岗位基本工资加星级技能工资，工资总额差距可达50％。

3. 评选"绿色机台"，外聘尖端技术维修专家

为提高现场管理水平，在TPM互动小组基础上，海尔设备管理部又推出了"设备绿色机台评选"，进一步提高设备的例保水平、润滑水平和完好状况，营造一种预防维护和检修的服务氛围。

在海尔园TPM设备管理部、开发区管理部、合肥管理部、大连管理部四个管理部范围内组织联检小组（参加人员即以前的互动小组人员，如设备处处长、管理员、分厂厂长等）对设备完好、润滑、例保进行联检，以零停机时为考核附加指标，建立控制台账，责任人分操作工和维修工，对每周检查进行排序；每月28日按1010原则排序，将前10％设备命名为"RPM造势先锋机台"，后10％设备命名为"TPM造势落后机台"，并悬挂标识牌（责任人分操作工和维修工）。TPM绿色机台奖金额定为先锋机台操作工和维修工各加50元/人，落后机台操作工和维修工各减30元/人，在当月工资中兑现。

海尔集团实施国际化，要求设备公司在开放的环境中开展工作，企业的国际化最重要的就是人才的国际化。青岛海尔设备管理有限公司要整合国内甚至国际上的技术专家为我所用，实现高、精、尖设备维修的技术保障。2002年，海尔集团设备管理部门引进尖端技术维修专家，高薪聘请了电子插件机(美国环球、日本松下)、模具加工中心(日本日立、德国DMG等)、彩色钢板涂装线的技术专家和西门子工控专家等专业设备维修技术人才数人。引进形式多种多样，可以加盟公司成为海尔正式员工，可以合同形式短期合作，可以星期天工程师的形式或每月、每季度来进行检修服务和故障抢修。用人机制的创新，使2002年全年没有出现对集团生产产生重大影响的长时间恶性停机。

三、技术创新为企业打造核心竞争力打下基础

海尔集团依托科技进步和技术创新实现设备管理工作的跨越式发展。

1. 实现设备现场信息化管理，开发运用了车间电子查询系统

设备管理部门根据企业实际情况开发出了一套车间电子查询系统，使设备查询、现场3E卡、车间快报等实现了现代化，使各项工作更加公开化、网络化。车间的电子查询系统不仅能够动态地对人员进行管理，而且能够及时准确地采集记录所有维修工工作的绩效，并对绩效的激励进行动态显示，形成电子3E卡，作为员工报酬的原始资料。通过电子查询系统建立了高效的信息沟通渠道，并且达到了信息共享，在网上对员工的各项考评、专业知识的培训与讨论，集团各级的管理思路以及各类通知、通报都能通过网络快捷有效地进行传递，使分散管理集中化。采用触摸屏终端可直接对设备进行相关信息查询，查询结果具有时效性，保证了信息的有效和可参考价值。系统最终可以让海尔公司每个车间通过设在车间内的触摸屏查询终端查询出与该车间设备有关的各方面数据，包括设备的说明、运转情况、安全情况、维修历史、故障处理和与设备有关的备件库存情况等。

2. 利用互联网进行设备远程诊断

海尔公司目前所采购的设备基本上都是当今国际上最先进的设备，使用最新的技术成果。维修工程师掌握这些新技术需要一定的时间，但市场要求实时作出响应，海尔设备管理部的创新做法是借力，即借生产厂家的技术力量。海尔设备管理部使用设备远程诊断，欧、美、日生产厂家的工程师在其本国的办室通过Internet即可实时检测故障、监测运行、修改程序等，再辅以网络视频技术，便可使其如亲临设备现场。远程诊断的实施节约了抢修时间与大量的资金。

通过设备管理的技术创新，在2000—2002年间，海尔集团仅设备维修费(含备件费用)就降低数百万元。成套处利用TPM软件协助采购工作，减员50，工作效率提高300%，同时吸收了国外先进的管理思路，使设备维护管理机制向国际化管理转变，并且完全适应参与国际市场竞争的需要。

2002年全集团的设备故障停机时间较2001年下降了18.8%，2001年较2000年降了30%，而2000年较未整合的1999年下降60%。2003年基本做到全集团设备零停机，各产品事业部设备平均节拍为36.5 s，较2001年提高了24%；设备完好率和例保达标率都达到100%，维修费用较2001年下降了42%，并保持全年零事故。2003年度荣获全国设备管理优秀单位称号。

模块二

机电设备维护与保养基础知识

　　设备的好坏对企业产品的数量、质量和成本等经济技术指标，都有着决定性的影响，因而要严格按照设备的运转规律，抓好设备的正确使用，精心维护，科学维护，努力提高设备完好率。正确的操作使用能够防止设备非正常磨损，避免突发故障；做好日常维护保养，可使设备保持良好的技术状态，延缓劣化进程，及时发现和消灭故障隐患，从而保证安全运行。

项目一　机电设备发展概况

要做好设备的维护保养并正确使用设备，必须要先了解设备，熟悉设备。

任务一　现代机电设备的特点与发展趋势

自人类使用机械以来，机械设备从简单设备发展到了目前现代化的复杂先进设备。

 学习目标

- 了解现代机电设备的特点；
- 了解现代机电设备的发展趋势。

 任务描述

了解现代设备尤其是机电设备的发展趋势，知道机电设备发展特点，了解目前比较前沿的机电产品等。

知识链接

下面我们先来了解一下现代机电设备的发展方向。

一、现代设备的特点

随着公司这种组织形式的出现，生产设备的发明与创造也得到迅速发展，特别是工业革命以来，生产设备被资本家推崇，受到极大的重视。现在企业的生产设备主要是发生在第二次世界大战后，由于科学技术的飞速进步以及世界经济发展的需要，新的科学技术成果不断应用于设备，使得设备的新技术含量急剧增加，设备的现代化水平空前提高。现代设备正在朝着大型化、高速化、精密化、电子化、自动化等方向发展。

1. 大型化

大型化指设备的容量、规模、能力越来越大。工业革命以来规模化生产得到广泛的发展，而企业得以大规模化的主要原因是现代生产设备的不断创新，同时规模的扩大又有利于企业实现规模效应。

2. 高速化

高速化指设备的运转速度、运行速度、运算速度大大加快，从而使生产效率显著提高。现代市场经济的激烈竞争要求企业的生产设备能够满足迅速出现变化的需求趋势，抓住稍纵即逝的商业机会，生产设备的高速运行成为必然。

3. 精密化

精密化指设备的工作精度越来越高。社会分工程度的极大细化要求设备向着精细化的方向发展，以满足现代企业的生产。生产的精密化反映了整个社会需求的多种多样性，所以对产品的精细化和个性化需求不断增加。

4. 电子化

21世纪是信息技术时代，电子技术在生产设备领域有其独特的作用。由于微电子科学、自动控制与计算机科学的高速发展，已引起了机器设备的巨大变革，出现了以机电一体化为特色的崭新的一代设备，如数控机床、加工中心、机器人、柔性制造系统等，这些都极大地提高了设备的智能化，从而提高了生产效率。

5. 自动化

自动化不仅可以实现各生产工序的自动顺序进行，还能实现对产品的自动检测、清理、包装，设备工作状态的实时监测、报警、反馈处理。从福特发明流水线以来，生产的自动化更是得到极大发展，这极大地解放了劳动力，为企业减少了工资支出，降低了产品成本，从而提高了企业竞争力。总之，现代设备为了适应现代经济发展的需要，广泛地应用了现代科学技术成果，正在向着性能更加高级、技术更加综合、结构更加复杂、作业更加连续、工作更加可靠的方向发展，为经济繁荣、社会进步提供了更强大的创造物质财富的能力。

二、现代机电设备的发展趋势

现代机电设备是由机械零件和电子元件组成的有机整体，是机械、电子、计算机等多种技术相互融合的产物。随着机电一体化技术的发展呈现出高性能化、智能化、系统化、轻量化的趋势，现代机电设备广泛应用于生产、生活的各个领域。

1. 现代机电设备的高性能化趋势

高性能化一般包括高速度、高精度、高效率和高可靠性。为了满足"四高"的要求，新一代数控系统采用了32位多CPU结构，在伺服系统方面使用了超高速数字信号处理器，以达到对电动机的高速、高精度控制；为了提高加工精度，采用高分辨率、高响应的检测传感器和各种误差补偿技术；在提高可靠性方面，新型数控系统大量使用大规模和超大规模集成电路，从而减少了元器件数量和它们之间连线的焊点，降低了系统的故障率，提高了可靠性。

2. 现代机电设备的智能化趋势

人工智能在现代机电设备中的应用越来越多。例如自动编程智能化系统在数控机床上的应用，原来必须由编程员设定的零件加工部位、加工工序、使用刀具、切削条件、刀具使用顺序等，现在可以由自动编程智能化系统自动设定，操作者只需输入工件素材的形状和加工形状的数据，加工程序就可自动生成，这样不仅缩短了数控加工的编程周期，而且简化了操作。

目前，除了数控编程和故障诊断智能化外，还出现了智能制造系统控制器，这种控制器可以模拟专家的智能制造活动，对制造中的问题进行分析、判断、推理、构思和决策。由此可见，随着科学技术的进步，各种人工智能技术普遍应用于现代机电设备中。

3. 现代机电设备的系统化发展趋势

由于机电一体化技术在机电设备中的应用，现代机电设备的构成已不是简单的"机"和

"电"，而是由机械技术、微电子技术、自动控制技术、信息技术、传感技术、软件技术构成的一个综合系统。各技术之间相互融合，彼此取长补短，其融合程度越高，系统就越优化，所以现代机电设备的系统化发展就可以获得最佳效能。

4. 现代机电设备的轻量化发展趋势

随着机电一体化技术在机电设备中的广泛应用，现代机电设备正在向轻小型化方向发展。这是因为构成现代机电设备的机械主体除了使用钢铁材料之外，还广泛使用复合材料和非金属材料，加上电子装置组装技术的进步，设备的总体尺寸也越来越小，重量越来越轻。

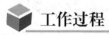 **工作过程**

【任务实施】了解现代机电设备的特点与发展趋势

一、实施目标

（1）了解现代机电设备的特点。

（2）了解现代机电设备的发展趋势。

二、实施准备

自主学习"知识链接"部分，了解机电设备的特点及发展情况，并完成表 2-1-1。

表 2-1-1 学习记录表

课题名称			时 间	
姓 名	班 级		评 分	
随 笔	预习主要内容			
随 笔	课堂笔记主要内容			
评 语				

三、实施内容

（1）试述现代机电设备的特点。

（2）试述现代机电设备的发展趋势。

四、实施步骤

（1）对于现代机电设备的发展趋势举出对应的产品例子。

（2）了解目前前沿的机电产品、机电设备，并总结其特点。

任务评价

完成上述任务后，认真填写表 2 - 1 - 2 所示的"现代机电设备的特点与发展趋势评价表"。

表 2 - 1 - 2 现代机电设备的特点与发展趋势评价表

组别			小组负责人	
成员姓名			班级	
课题名称			实施时间	
评价指标	配分	自评	互评	教师评
课前准备，收集资料	5			
课堂学习情况	20			
能应用各种手段获得需要的学习材料，并能提炼出需要的知识点	20			
查阅资料	15			
举例机电产品	15			
课堂学习纪律情况	15			
能实现前后知识的迁移，主动性强，与同伴团结协作	15			
总　　计	100			
教师总评 （成绩、不足及注意事项）				
综合评定等级（个人 30%，小组 30%，教师 40%）				

 任务练习

1. 简述现代化设备的特点。
2. 简述现代化机电设备的发展趋势。

任务小结

通过本任务的学习，能够了解现代机电设备的特点，了解现代机电设备的发展趋势。

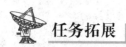

任务拓展

阅读材料——我国现代机械制造技术的特点及发展趋势

1. 全球化

一方面，由于国际和国内市场上的竞争越来越激烈，例如在机械制造业中，国内外已有不少企业甚至是知名度很高的企业在这种无情的竞争中纷纷落败，有的倒闭，有的被兼并，不少暂时还在国内市场上占有份额的企业也不得不扩展新的市场。另一方面，网络通信技术的快速发展推动了企业向着既竞争又合作的方向发展，这种发展进一步激化了国际市场间的竞争。这两个原因的相互作用，已成为全球化制造业发展的动力。全球化制造的第一个技术基础是网络化，网络通信技术使制造业的全球化得以实现。

2. 网络化

网络通信技术的迅速发展和普及，给企业的生产和经营活动带来了革命性的变革。产品设计、物料选择、零件制造、市场开拓与产品销售都可以异地或跨越国界进行。此外，网络通信技术的快速发展，加速了技术信息的交流，加强了产品开发的合作和经营管理的学习，推动了企业向着既竞争又合作的方向发展。

3. 虚拟化

制造过程中的虚拟技术是指面向产品生产过程的模拟和检验，即检验产品的可加工性、加工方法和工艺的合理性，以优化产品的制造工艺，保证产品的质量、生产周期和最低成本为目标，进行生产过程计划、组织管理、车间调度、供应链及物流设计的建模和仿真。虚拟化的核心是计算机仿真，通过仿真软件来模拟真实系统，以保证产品设计和产品工艺的合理性，保证产品制造的成功和生产周期，发现设计、生产中不可避免的缺陷和错误。

4. 自动化

自动化是一个动态概念，目前它的研究主要表现在制造系统中的集成技术和系统技术、人机一体化制造系统、制造单元技术、制造过程的计划和调度、柔性制造技术和适应现代化生产模式的制造环境等方面。制造自动化技术的发展趋势是制造全球化、制造敏捷化、制造网络化、制造虚拟化、制造智能化和制造绿色化。

5. 绿色化

绿色制造则通过绿色生产过程、绿色设计、绿色材料、绿色设备、绿色工艺、绿色包装、绿色管理等生产出绿色产品，产品使用完以后再通过绿色处理后加以回收利用。采用绿色制造能最大限度地减少制造对环境的负面影响，同时使原材料和能源的利用效率达到更高。

任务二　现代机电设备的种类

在人们的生产生活中都离不开机电设备的作用，比如常见的数控机床、扫地机器人、自动洗衣机等。机电设备种类很多，掌握一定的机电设备分类知识，有助于我们系统了解机电设备，或者在实际用途中能够及时掌握。

学习目标

• 掌握机电设备的分类方法；
• 了解机电设备按照不同的方法进行分类都有哪些种类。

任务描述

通过学习本任务，说出如图2-1-1所示的机电设备按照不同的分类方法属于哪一类？

图2-1-1　机电产品

知识链接

生产工具发展到现在，机电设备种类繁多，各种用途都有，小到家用，大到民生类机电设备、载人飞船等。

一、按机电设备的用途分类

一般按机电设备的用途可分为三大类：产业类机电设备、信息类机电设备、民生类机电设备。

1. 产业类机电设备

产业类机电设备是指用于生产企业的机电设备。例如，普通车床、普通铣床、数控机床、线切割机、食品包装机械、塑料机械、纺织机械、自动化生产线、工业机器人、电机、窑炉等，都属于产业类机电设备，如图2-1-2所示。

图 2-1-2 普通车床与纺织机械

2. 信息类机电设备

信息类机电设备是指用于信息的采集、传输和存储处理的电子机械产品。例如,计算机终端、通信设备、传真机、打印机、复印机及其他办公自动化设备等,都是信息类机电设备,如图 2-1-3 所示。

图 2-1-3 传真机与计算机

3. 民生类机电设备

民生类机电设备是指用于人民生活领域的电子机械和机械电子产品。例如,VCD、DVD、空调、电冰箱、微波炉、全自动洗衣机、汽车电子化产品、医疗器械以及健身运动机械等,都是民生类机电设备,如图 2-1-4 所示。

图 2-1-4 微波炉与医疗器械

二、按行业分类代码等方法分类

另外,按国民经济行业分类与代码、全国工农业产品分类与代码等国家标准的分类方法进行分类,可将机电设备分为通用机械类,通用电工类,通用、专用仪器仪表类,专用设备类四大类。

1. 通用机械类

通用机械类包括：机械制造设备（如金属切削机床、锻压机械、铸造机械等），起重设备（如电动葫芦、装卸机、各种起重机、电梯等），农、林、牧、渔机械设备（如拖拉机、收割机、各种农副产品加工机械等），泵、风机、通风采吸设备，环境保护设备，木工设备，交通运输设备（如铁道车辆、汽车、摩托车、船舶、飞行器等）等。如图2-1-5所示的电动葫芦和收割机都属于通用机械类。

图 2-1-5　电动葫芦与收割机

2. 通用电工类

通用电工类包括：电站设备、工业锅炉、工业汽轮机、电机、电动工具、电气自动化控制装置、电炉、电焊机、电工专用设备、电工测试设备、日用电器（电冰箱、空调、微波炉、洗衣机等）等。如图2-1-6所示的电焊机与电工测试设备都属于通用电工类。

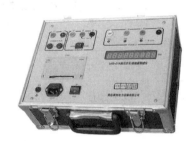

图 2-1-6　电焊机与电工测试设备

3. 通用、专用仪器仪表类

通用、专用仪器仪表类包括：自动化仪表、电工仪表、专业仪器仪表（气象仪器仪表、地震仪器仪表、教学仪器、医疗仪器等）、成分分析仪表、光学仪器、试验机、实验仪器及装т等。如图2-1-7所示为气象仪器与光学仪器。

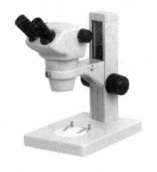

图 2-1-7　气象仪器与光学仪器

4. 专用设备类

专用设备类包括智能手机、纺织机械等多种专门用途的设备，如图2-1-8所示的智能手机就是其中一种。

图2-1-8　智能手机

三、按工作类型进行分类

原轻工部将机电设备按工作类型分为10个大类，每个大类又分10个中类，每个中类又分为10个小类。10个大类如表2-1-3所示。

表2-1-3　现代机电设备按工作类型分类

序号	类别	序号	类别
1	金属切削机床	6	工业窑炉
2	锻压设备	7	动力设备
3	仪器仪表	8	电力设备
4	木工、铸造设备	9	专业生产设备
5	起重运输设备	10	其他设备

 工作过程

【任务实施】现代机电设备的分类

一、实施目标

（1）掌握机电设备常见的几种分类方法，同一种设备能根据不同的分类方法划分其类别。

（2）了解机电设备按照不同的方法进行分类都有哪些种类。

二、实施准备

自主学习"知识链接"部分，了解机电设备分类情况，并完成表2-1-4。

表 2-1-4　学习记录表

课题名称				时　间	
姓　名		班　级		评　分	
随　笔	预习主要内容				
随　笔	课堂笔记主要内容				
评　语					

三、实施内容

（1）说出机电设备常见的几种分类方法。

（2）举例说明同一种设备根据不同的分类方法所属的类别。

四、实施步骤

（1）以小组为单位，每组选择一种设备分类方法，说出图 2-1-1 中设备所属类别。

（2）参观学校的机加工车间，观察设备，说出其类别。

（3）通过网络查询其他设备分类方法，并说出其中的两种。

 任务评价

完成上述任务后，认真填写表 2-1-5 所示的"现代机电设备分类评价表"。

表 2-1-5　现代机电设备分类评价表

组别			小组负责人	
成员姓名			班级	
课题名称			实施时间	
评价指标	配分	自评	互评	教师评
课前准备，收集资料	5			
课堂学习情况	20			
能应用各种手段获得需要的学习材料，并能提炼出需要的知识点	20			

续表

评价指标	配分	自评	互评	教师评
去学校车间参观解决问题	10			
完成任务情况	15			
课堂学习纪律情况	15			
能实现前后知识的迁移，主动性强，与同伴团结协作	15			
总　计	100			
教师总评 （成绩、不足及注意事项）				
综合评定等级（个人 30％，小组 30％，教师 40％）				

 ### 任务练习

1. 简述现代机电设备按照功能分为哪些。

2. 说出下列产品的所属类别（按照不同的分类方法）：电视、计算机、全自动洗衣机、加工中心、空压机、飞机。

 ### 任务小结

通过本任务的学习，知道机电设备分类方法，了解同一种机电设备按照不同的分类方法属于哪类。

 ### 任务拓展

阅读材料——特种设备分类

一、承压类特种设备

（1）锅炉，是指利用各种燃料、电或者其他能源，将所盛装的液体加热到一定的参数，并通过对外输出介质的形式提供热能的设备。它的性能范围规定为：正常水位容积大于或者等于 30 L，且额定蒸汽压力大于或者等于 0.1 MPa（表压）的承压蒸汽锅炉；出口水压大于或者等于 0.1 MPa（表压），且额定功率大于或者等于 0.1 MW 的承压热水锅炉；额定功率大于或者等于 0.1 MW 的有机热载体锅炉。

（2）压力容器，是指盛装气体或者液体，承载一定压力的密闭设备。它的性能范围规定为：最高工作压力大于或者等于 0.1 MPa（表压）的气体、液化气体和最高工作温度高于或者等于标准沸点的液体，容积大于或者等于 30 L 且内直径（非圆形截面指截面内边界最大几何尺寸）大于或者等于 150 mm 的固定式容器和移动式容器；盛装公称工作压力大于或者等于 0.2 MPa(表压)，且压力与容积的乘积大于或者等于 1.0 MPa/L 的气体、液化气体和标准沸点等于或者低于 60℃ 液体的气瓶；氧舱。

(3) 压力管道，是指利用一定的压力，用于输送气体或者液体的管状设备。它的性能范围规定为：最高工作压力大于或者等于 0.1 MPa(表压)，介质为气体、液化气体、蒸汽或者可燃、易爆、有毒、有腐蚀性、最高工作温度高于或者等于标准沸点的液体，且公称直径大于或者等于 50 mm 的管道；公称直径小于 150 mm，且其最高工作压力小于 1.6 MPa(表压)的输送无毒、不可燃、无腐蚀性气体的管道，设备本体所属管道除外。其中，石油天然气管道的安全监督管理还应按照《安全生产法》《石油天然气管道保护法》等法律法规实施。

二、机电类特种设备

(1) 电梯，是指动力驱动，利用刚性导轨运行的箱体或者沿固定线路运行的梯级(踏步)，进行升降或者平行运送人、货物的机电设备，包括载人(货)电梯、自动扶梯、自动人行道等，非公共场所安装且仅供单一家庭使用的电梯除外。

(2) 起重机械，是指用于垂直升降或者垂直升降并水平移动重物的机电设备。它的范围规定为：额定起重量大于或者等于 0.5 t 的升降机；额定起重量大于或者等于 3 t(或额定起重力矩大于或者等于 40 t/m 的塔式起重机，或生产率大于或者等于 300 t/h 的装卸桥)，且提升高度大于或者等于 2 m 的起重机；层数大于或者等于 2 层的机械式停车设备。

(3) 客运索道，是指动力驱动，利用柔性绳索牵引箱体等运载工具运送人员的机电设备，包括客运架空索道、客运缆车、客运拖牵索道等，非公用客运索道和专用于单位内部通勤的客运索道除外。

(4) 大型游乐设施，是指用于经营目的，承载乘客游乐的设施。它的范围规定为：设计最大运行线速度大于或者等于 2 m/s，或者运行高度距地面高于或者等于 2 m 的载人大型游乐设施，用于体育运动、文艺演出和非经营活动的大型游乐设施除外。

(5) 场(厂)内专用机动车辆，是指除道路交通、农用车辆以外仅在工厂厂区、旅游景区、游乐场所等特定区域使用的专用机动车辆。

项目二　机电设备的使用与维护

设备的正确使用和精心维护是设备管理的重要环节。

任务一　机电设备的使用

设备在使用过程中受到各种因素的影响，技术状态会发生变化而逐渐降低工作能力。在这期间，设备的操作者最先且最长时间接触和感受设备工作能力的变化情况，因而正确使用设备是控制设备技术状态变化和延缓设备工作能力下降的重要保证。

学习目标

- 掌握机电设备使用的基本规定；
- 知道并明确机电设备的使用责任等；
- 了解新工人正确使用设备的程序。

任务描述

通过学习本任务，以学校车间的数控机床为例，说出其操作规程及在使用中应该注意的问题；根据机电设备的使用要求和使用责任制，理解机加工车间的机床操作规章制度。

知识链接

在实际操作设备的过程中，工人应该注意设备使用的相关规定，掌握设备保养的知识和方法。

一、机电设备使用前的准备工作

新设备投入运行前要做好下面的准备工作：

（1）编制必要的技术资料，比如设备档案、操作规程表、润滑图表、设备点检卡片、设备定检卡片、设备操作保养袋等。

（2）配备必需的检查和维护工具。

（3）全面检查设备的安装精度、性能及安全装置，向操作工人点交设备附件。

二、机电设备的使用程序

1. 上岗前的安全教育

有计划、经常性地对操作工人进行技术教育，提高其对设备使用维护的能力。企业中应分以下三级进行技术安全教育：

（1）企业教育由教育部门负责，设备动力和技术安全部门配合。

（2）车间教育由车间主任负责，车间机械员配合。

（3）工段教育由工段长负责，班组设备员配合。

为了正确合理地使用机电设备，操作工在独立使用设备前必须经过基本知识、技术理论及操作技能的培训，并且在熟练技师的指导下进行上机训练，以达到一定的熟练程度。同时，要参加国家职业资格的考核鉴定，经过鉴定合格并取得资格证后，方能独立操作所使用的机电设备，严禁无证上岗操作。

技术培训、考核的内容包括设备结构性能、设备工作原理、相关技术规范、操作规程、安全操作要领、维护保养事项、安全防护措施、故障处理原则等。

2. 实行定人定机持证操作

设备必须由持职业资格证书的操作者进行操作，严格实行定人定机和岗位责任制，以确保正确使用设备和落实日常维护工作。多人操作的设备应实行组长负责制，由组长对使用和维护工作负责。公用设备应由企业管理者指定专人负责维护保管。设备定人定机名单由使用部门提出，报设备管理部门审批，签发操作证；精、大、稀、关键设备定人定机名单，设备部门审核并报企业管理者批准后签发。定人定机名单批准后，不得随意变动。对技术熟练能掌握多种机电设备操作技术的工人，经考试合格可签发操作多种机电设备的操作证。

操作证是准许操作工人独立使用设备的证明，生产设备的操作工人经过技术基础理论和实际操作技能培训，考试合格后方可取得此证。

3. 建立交接班制度

连续生产和多班制生产的设备必须实行交接班制度。交班人除完成设备日常维护作业外，必须把设备运行情况和发现的问题详细记录在"交接班簿"上，并主动向接班人介绍清楚，双方当面检查，在交接班簿上签字。接班人如发现异常或情况不明、记录不清时，可拒绝接班。如交接不清，设备在接班后发生问题，均由接班人负责。

企业对在用设备均需设"交接班簿"，不准涂改撕毁。区域维修部（站）和机械员（师）应及时对"交接班簿"进行收集分析，掌握交接班执行情况和设备技术状态信息，为设备状态管理提供资料。

4. 设备操作的基本功培训

我国设备管理的特点之一就是"专群结合"的设备使用维护管理制度，包括"三好""四会""五项纪律"。

1）"三好"要求

（1）管好设备。企业经营者必须管好本企业所拥有的设备，即掌握设备的数量、质量及其变动情况，合理配置机电设备。严格执行关于设备的移装、调拨、借用、出租、封存、报废、改装及更新的有关管理制度，保证财产的完整齐全，保持其完好和性能稳定。操作工必须管好自己使用的设备，未经上级批准不准他人使用，杜绝无证操作现象。

（2）用好设备。企业管理者应教育本企业员工正确使用和精心维护好设备，生产应依据设备的能力合理安排，不得有超性能使用和拼设备之类的行为。操作工必须严格遵守操作维护规程，不超负荷使用且不采取不文明的操作方法，认真进行日常保养和定期维护，使机电设备保持"整齐、清洁、润滑、安全"的标准。

（3）修好设备。车间安排生产时应考虑和预留计划维修时间，防止设备带病运行。操作工要配合维修工修好设备，及时排除故障。要贯彻"预防为主，养为基础"的原则，实行计划预防修理制度，广泛采用新技术、新工艺，保证修理质量，缩短停机时间，降低修理费用，提高设备的各项技术经济指标。

2）"四会"要求

（1）会使用。操作工应先学习设备操作规程，熟悉设备结构性能、工作原理。

（2）会维护。能正确执行设备维护和润滑规定，按时清扫，保持设备清洁和完好。

（3）会检查。了解设备易损零件部位，知道完好检查项目、标准和方法，并能按规定进行日常检查。

（4）会排除故障。熟悉设备特点，能鉴别设备正常与异常现象，懂得其零部件拆装注意事项，会做一般故障处理或协同维修人员进行排除。

3）"五项纪律"要求

（1）实行定人定机，凭证操作，遵守安全操作规程。

（2）经常保持设备清洁，按规定加油，保证合理润滑。

（3）遵守交接班制度。

（4）管好工具、附件。

（5）发现异常立即停机检查，不能处理的问题要及时通知有关人员检查处理。

三、机电设备使用责任制

（1）设备操作者必须严格按"设备操作维护规程""四项要求""五项纪律"的规定正确使用与精心维护设备。

（2）实行日常点检，认真记录。做到班前正确润滑设备；班中注意运转情况；班后清扫擦拭设备，保持清洁，涂油防锈。

（3）在做到"三好"要求下，练好"四会"基本功，搞好日常维护和定期维护工作；配合维修工人检查修理自己操作的设备；保管好设备附件和工具，并参加设备维修后的验收工作。

（4）认真执行交接班制度和填写好交接班及运行记录。

（5）发生设备事故时立即切断电源，保持现场，及时向生产工长和车间机械员（师）报告，听候处理。分析事故时应如实说明经过，对违反操作规程等造成的事故，相关责任人应负直接责任。

（6）参加操作设备的修理和验收工作。

四、新工人正确使用设备的程序

1. 操作工人的教育培训

新工人在使用设备前，必须经过思想和业务技术知识教育，进行实际操作和基本功的培训。

2. 技术考核

通过学习和技术培训后，要进行技术知识、维护知识、操作规程、排除故障和保养等方面的考核，同时进行体格检查。

3. 发放设备操作证

经过有关部门组织考核，见习合格后，发给操作工人设备操作证。

4. 设备委托书

大型昂贵的设备，应由设备管理部门和使用部门发给操作人员设备委托书，划清职责范围，操作工人要爱护设备，做到设备管理好、使用好、保养好。

五、机电设备安全技术操作规程

（1）机械操作，要束紧袖口，女工发辫要挽入帽内。

（2）机械和动力机座必须稳固，转动的危险部位要安设防护装置。

（3）工作前必须检查机械、仪表、工具等，确认完后方准使用。

（4）电气设备和线路必须绝缘好，电线不得与金属物绑在一起；各种电动机具必须按规定接零接地，并设置单一开关；遇有临时停电或停工休息时，必须拉闸加锁。

（5）施工机械和电气设备不得带病运转和超负荷作业，发现不正常情况应停机检查，不得在运转中修理。

（6）电气、仪表、管道和设备不得带病运转应严格按照单项安全措施进行。运转时不准擦洗和修理，严禁将头伸入机械行程范围内。

（7）在架空输电线路下面工作应停电，不能停电时，应有隔离防护措施。起重机不得在架空输电线路下面工作，通过架空输电线路时应将起重机臂落下。在架空输电线路一侧工作时，不论在任何情况下，超重臂、钢丝绳或重物等与架空输电线路的最近距离应不小于如表2-2-1所示的规定。

表 2-2-1　输电线路安全工作距离表

输电线路电压	1 KV 以下	1~10 KV	35~110 KV	154 KV	220 KV
允许与输电线路的最近距离	1.5 m	2 m	5 m	5 m	6 m

（8）行灯电压不得超过36 V，在潮湿场所或金属容器内工作时，行灯电压不得超过12 V。

（9）受压容器应有安全阀、压力表，并避免曝晒、碰撞，氧气瓶严防沾染油脂，乙炔发生器、液化石油气必须有防止回火的安全装置。

（10）X光或Y射线探伤作业区，非操作人员不准进入。

（11）从事腐蚀、粉尘、放射性和有毒作业，要有防护措施，并定期进行体检。

工作过程

【任务实施】学习机电设备安全使用规则

一、实施目标

（1）熟悉机电设备使用的基本规定。

（2）明确机电设备的使用责任。

（3）知道新工人正确使用设备的程序。

二、实施准备

自学"知识链接"部分，了解机电设备使用责任及安全操作规程等内容，并完成表2-2-2。

表 2 - 2 - 2 学习记录表

课题名称			时 间	
姓 名		班 级	评 分	
随 笔	预习主要内容			
随 笔	课堂笔记主要内容			
评 语				

三、实施内容

（1）说出机电设备使用前的准备工作。

（2）说出机电设备的使用程序。

（3）知道机电设备的使用责任制。

（4）说出新人员使用设备的程序。

四、实施步骤

（1）以学校车间的数控机床为例，说出其操作规程及在使用中应该注意的问题。

（2）了解机加工车间的机床操作规章制度，以组为单位讨论其是否符合规范要求，并形成文字报告。

（3）参观企业车间，仔细观察车间操作人员的设备操作使用是否符合规范。

 任务评价

完成上述任务后，认真填写表 2 - 2 - 3 所示的"机电设备使用评价表"。

表 2 - 2 - 3 机电设备使用评价评价表

组别		小组负责人	
成员姓名		班级	
课题名称		实施时间	
评价指标	配分	自评	互评	教师评
课前准备，收集资料	5			

续表

评价指标	配分	自评	互评	教师评
课堂学习情况	20			
能应用各种手段获得需要的学习材料，并能提炼出需要的知识点	20			
去企业实地调研	15			
任务完成情况	10			
课堂学习纪律情况	15			
能实现前后知识的迁移，主动性强，与同伴团结协作	15			
总　　计	100			
教师总评 （成绩、不足及注意事项）				
综合评定等级（个人 30％，小组 30％，教师 40％）				

 任务练习

1. 设备使用中"三好""四会""五项纪律"分别指什么？
2. 总结数控机床的操作使用规程。
3. 新工人正确使用设备的程序是什么？

 任务小结

　　通过本任务的学习，知道机电设备使用前的准备工作，机电设备的使用程序，机电设备的使用责任制等；了解新人员使用设备的程序，进入工作岗位后能安全地使用设备进行生产。

 任务拓展

阅读材料——特种设备操作规程

　　特种设备分为承压类特种设备和机电类特种设备。承压类特种设备主要有锅炉、压力容器(含气瓶)、压力管道；机电类特种设备主要有电梯、起重机械、客运索道、大型游乐设施和场(厂)内专用机动车辆等。

　　特种设备操作规程如下：

（1）设备运行前，做好各项检查工作，包括电源电压、各开关状态、安全防护装置以及现场操作环境等。发现异常应及时处理，禁止不经检查强行运行设备。

（2）设备运行时，按规定严格记录运行记录，按要求检查设备运行状况以及进行必要的检测；根据经济实用的工作原则，调整设备处于最佳工况，降低设备的能源消耗。

（3）当设备发生故障时，应立即停止运行，同时立即上报主管领导，并尽快排除故障或组织抢修，保证尽快恢复正常生产工作。严禁设备在故障状态下运行。

（4）因设备安全防护装置动作造成设备停止运行时，应根据故障显示进行相应的处理。一时难以处理的，应在上报领导的同时，组织专业技术人员对故障进行排查，并根据排查结果进行抢修。禁止在故障不清的情况下强行送电运行。

（5）当设备发生紧急情况可能危及人身安全时，操作人员应在采取必要的控制措施后，立即撤离操作现场，防止发生人员伤亡。

设备大修、改造、移动、报废、更新及拆除应严格执行国家有关规定，按单位内部规定逐级审批，并向特种设备安全监察部门办理相应手续。严禁擅自大修、改造、移动、报废、更新及拆除未经批准或不符合国家规定的设备，一经发现除给予严肃处理外，责任人还应承担由此而造成的事故责任。

一般我们日常生活中所指的特种设备是指国务院发布的《特种设备安全监察条例》中所称的特种设备，这种特种设备是指涉及生命安全、危险性较大的锅炉、压力容器（含气瓶）、压力管道、电梯、起重机械、客运索道、大型游乐设施。

任务二　机电设备的维护

设备的维护指为维持设备的额定状态所采取的清洗、润滑、调整和封存等措施。设备维护是设备管理的重要环节，主要由操作工人负责。

学习目标

· 掌握机电设备维护的重要性；
· 了解机电设备维护的四项要求；
· 了解设备维护的三级保养制。

任务描述

通过学习本任务，以学校车间的数控机床为例，说出其维护保养规程；根据机电设备的维护要求和三级保养制，理解机加工车间的机床保养维护规程。

知识链接

要保持设备的良好性能和精度，保证其正常运转，延长其使用寿命，减少其修理次数和费用，提高产品的质量，使产品生产能顺利进行，就必须注意设备维护工作。

一、机电设备维护的四项要求

设备维护的"四项要求"包括：

(1) 整齐。工具箱、料架应该摆放合理、整齐，工具、工件、附件放置整齐，设备零件及安全防护装置齐全，各种标牌应该完整、清晰，线路、管道应该安装整齐、安全可靠。

(2) 清洁。设备内外清洁，无黄袍、油垢，无铁屑物，各滑动面、齿轮、齿条无油污、无碰伤，各部位不漏电、不漏油、不漏气、不漏水，设备周围的地面经常保持清洁。

(3) 润滑。按时、按质、按量加油和换油，保持油箱、冷却箱、油池清洁，无铁屑，油标醒目。油枪、油壶、油嘴、油杯齐全，油毡、油线清洁，油泵压力正常，油路畅通，部位轴承润滑良好。

(4) 安全。实行定人定机和交接班制度，掌握"三好""四会"的基本功，遵守"五项纪律"，合理使用，精心维护，监测异状，不出事故。

二、机电设备操作维护规程

设备维护操作规程是指导工人正确使用和操作维护设备的技术性规范。

1. 设备操作维护规程的制定原则

(1) 一般应按设备操作顺序及班前、班中、班后的注意事项分列，力求内容精炼、简明、适用。

(2) 按照设备类别将结构特点、加工范围、操作注意事项、维护要求等分别列出，便于操作工掌握要点，贯彻执行。

(3) 各类机电设备具有共性的内容，可编制统一标准通用规程。

(4) 重点设备和高精度、大重型及稀有关键机电设备，必须单独编制操作维护规程，并用醒目的标志牌张贴在设备附近，要求操作工特别注意，严格遵守。

2. 操作维护规程的基本内容

(1) 作业人员在操作时应按规定穿戴劳动防护用品，作业巡视及靠近其附近时不得身着宽大的衣物，女同志不得披长发。

(2) 班前清理工作场地，设备开机前按日常检查卡规定项目检查各操作手柄、控制装置是否处于停机位置，零部件是否有磨损严重、报废和安全松动的迹象，安全防护装置是否完整牢靠，查看电源是否正常，并作好点检记录，若不符合安全要求，应及时向车间提出安全整改意见或方案，防止设备带病运行。

(3) 检查电线、控制柜是否破损，所处环境是否可靠，设备的接地或接零等设施是否安全，发现不良状况，应及时采取防护措施。

(4) 查看润滑、液压装置的油质、油量；按润滑图表规定加油，保持油液清洁，油路畅通，润滑良好。

(5) 确认各部件正常无误后，可先空车低速运转 3～5 min，若各部件运转正常、润滑良好，方可进行工作。不得超负荷、超规范使用。

(6) 设备运转时，严禁用手调整、测量工件或进行润滑、清除杂物、擦拭设备；离开设备时必须切断电源，设备运转中要经常注意各部位情况，如有异常应立即停机处理。

（7）维护保养及清理设备、仪表时应确认设备、仪表已处于停机状态且电源已完全关闭；同时，应在工作现场分别悬挂或摆放警示牌标识，提示设备处于维护维修状态或有人在现场工作。

（8）维护保养前应明确此项工作应注意的事项、维护保养的操作程序；维护保养维修时工作人员思想要集中，穿戴要符合安全要求，站立位置要绝对安全。

（9）维护设备时，要正确使用拆卸工具，严禁乱融乱拆，不得随意拆除、改变设备的安全保护装置。设备就位或组装时，严禁将手放入连接面和用手指对孔。

（10）维护、维修等操作工作结束后，应将器具从工作位置退出，并清理好工作场地和机械设备，仔细检查设备仪表的每一个部位，不得将工具或其他物品遗留在设备仪表上或其内部。车间应定期做好设备的维护、保养和维修工作，保证机械设备的正常运行。

（11）车间内和机器上的说明、安全标志和标志牌，在任何时间都必须严格遵守。

（12）严禁使用易燃、易挥发物品擦拭设备，含油抹布不能放在设备上，设备周围不能有易燃、易爆物品存放。

（13）必须在易燃易爆危险区域作业时，事先应定出安全措施，并经生产安全部门和领导批准后方可进行；焊接、打磨存有易燃易爆、有毒物品的容器或管道，必须置换和清理干净，同时并将所有孔口打开后方可进行。

（14）工作场地应干燥整洁，废油、废面纱不准随地乱丢，原材料、半成品、成品必须堆放整齐，严禁堵塞通道。

（15）经常保持润滑及液压系统清洁。盖好箱盖，不允许有水、尘、铁屑等污物进入油箱及电器装置。

（16）工作完毕、下班前应清扫设备，保持清洁，将操作手柄、按钮等置于非工作位置，切断电源，办好交接班手续。

三、机电设备的三级保养制

机电设备维护是指消除设备在运行过程中不可避免的不正常技术状况下（零件的松动、干摩擦、异常响声等）的作业。机电设备的维护必须达到整齐、清洁、润滑和安全等四项基本要求。根据设备维护保养工作的深度、广度及其工作量的大小，维护保养工作可以分为以下几个类别。

1. 日常保养（例行保养）

日常保养的主要内容是：对设备进行检查、加油；严格按设备操作规程使用设备，紧固已松动部位；对设备进行清扫、擦拭，观察设备运行状况并将设备运行状况记录在交接班日志上。这类保养较为简单，大部分工作在设备的表面进行。日常保养每天由操作工人进行。

2. 一级保养（月保养）

一级保养的主要内容是：拆卸指定的部件（如箱盖及防护罩等）彻底清洗，擦拭设备内外部；检查、调整各部件配合间隙，紧固松动部位，更换个别易损件；疏通油路，清洗过滤器，更换冷却液和清洗冷却液箱；清洗导轨及滑动面，清除毛刺及划伤；检查、调整电器线路及相关装置。设备运转1～2个月（两班制）后，以操作工人为主，维修工人配合进行一次一级保养。

3. 二级保养（年保养）

除包括一级保养内容以外，二级保养还包括修复、更换磨损零件，调整导轨等部件的间隙；电气系统的维护，设备精度的检验及调整等。设备每运转一年后，以维修工人为主，操作工人参加，进行一次二级保养。

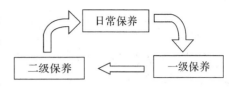

图 2-2-1　设备三级保养的关系

设备三级保养的关系如图 2-2-1 所示，各级保养是相互联系、相互影响的，在各级保养的循环作用下，设备才能得以正常运行。

 工作过程

【任务实施】机电设备的日常维护

一、实施目标

（1）知道机电设备维护的重要性。

（2）掌握机电设备维护的四项要求。

（3）掌握设备维护的三级保养制的内容。

二、实施准备

预习"知识链接"部分，通过网络等媒介了解机电设备维护方面的知识，并完成表 2-2-4。

表 2-2-4　学习记录表

课题名称			时　间	
姓　　名		班　级	评　分	
随　　笔	预习主要内容			
随　　笔	课堂笔记主要内容			
评　　语				

三、实施内容

（1）简述机电设备维护的重要性，并从思想上重视设备维护。

（2）简述机电设备维护的四项要求的内容。

（3）简述设备维护的三级保养制的内容，并进行模拟操作。

四、实施步骤

（1）以学校车间的数控机床为例，说出其维护保养操作规程，以及在保养中应该注意的问题。

（2）了解机加工车间的机床维护保养制度，以组为单位讨论其是否符合规范要求，并形成文字报告。

（3）参观企业车间，仔细观察车间操作人员的开机、关机，并观察加工过程中设备维护保养是否符合规范，是否到位。

 任务评价

完成上述任务后，认真填写表2-2-5所示的"机电设备的维护评价表"。

表2-2-5　机电设备的维护评价表

组别			小组负责人	
成员姓名			班级	
课题名称			实施时间	
评价指标	配分	自评	互评	教师评
课前准备，收集资料	5			
课堂学习情况	20			
能应用各种手段获得需要的学习材料，并能提炼出需要的知识点	20			
去企业实地调研	15			
任务完成质量	10			
课堂学习纪律情况	15			
能实现前后知识的迁移，主动性强，与同伴团结协作	15			
总　　计	100			
教师总评 （成绩、不足及注意事项）				
综合评定等级（个人30%，小组30%，教师40%）				

任务练习

1. 简述三级保养制的内容。

2. 通过查阅资料，总结精、大、稀、关键设备的维护保养规程。

3. 机电设备维护的四项要求是什么？

任务小结

通过本任务的学习，知道机电设备维护的重要性，从思想上重视设备维护，并在实习及日后的工作中贯彻这一思想；掌握机电设备维护的四项要求，以及设备维护的三级保养制所涉及的知识。

任务拓展

阅读材料——机电设备维修保养制度

为确保选煤项目部承包运营选煤厂的机电设备处于良好的运行状态，避免因维修保养不到位造成设备故障延误生产，有效提高设备利用率，特制定本设备维修保养制度。

（1）生产技术部负责制定每月设备维修保养计划，并负责监督计划的落实情况。

（2）各厂机械技术员负责按照生产技术部制定的设备维修保养计划，结合本厂设备运行时间安排班组按规定对设备进行维修保养。

（3）机电设备的维护保养工作实行工单制，每天根据设备点检的结果，填写《机电设备保养单》。

（4）设备保养实行定期保养制度，即根据设备运行的时间或工作小时，结合油品化验，定期进行保养。

（5）对设备大型构件的检查保养：

① 设备大型构件的检查项目：

• 破碎机：齿辊、齿板、驱动装置；

• 筛子：大梁、副梁、支座、激振器；

• 浓缩机：大小耙架、行走道轨、中心支座；

• 装车站：移动溜槽梁（架）、工作平台、行走悬挂装置、支撑梁（架）。

② 对大型结构件应重点检查有无锈蚀、弯曲、扭曲及损伤变形、裂纹、开焊等异常。

③ 检查周期：所有设备每运行 1000 小时彻底检查 1 次。

（6）机电设备越冬的管理：

① 进入冬季，各厂要及时悬挂防寒门帘，关严门窗，防止热量散失。防冻层以上及裸露在外的水管、气管，要采取必要的保温措施，防止冻裂管路而影响生产。

② 按规定合理选用润滑油，保证设备正常润滑。

③ 对于机头溜槽、装车站定量仓等需要安装加热板的地方，一定要安装，并检查其是否能可靠工作。

④ 配电室内电气设备要做好各项检查，保证性能参数均在规定范围之内，其附近严禁存放易燃物。

⑤ 注意检查各转动部位是否有结冰，如有，必须及时清理，之后方可起车运行，同时做好相应保温措施。

⑥ 液压站、部分电机、减速机有自动加热装置的，应保证其工作的可靠性。

⑦ 风包要定期放水，在设备停产后，要及时对管道进行放水。

（7）设备的润滑管理：

① 各种润滑油（脂）在保管、储存、运输和使用过程中必须保持清洁，严防灰尘、水分、杂物或其他油料混入。每一种油都必须有专用的加油器具，不得混用，并做到避光保存。

② 严禁使用已变质、混入杂质、牌号不明的油料。

③ 加注润滑油时必须保证加油口和加注器具的清洁，严禁取掉设备上加油口的滤网。要经常保持各油箱通气孔畅通。

④ 在设备启动前，必须保证润滑油在规定的刻度范围内。油位在规定的刻度范围之外时，应查明原因及时采取处理措施。未查明原因及未采取处理措施的，严禁启动设备，以防损坏设备。

⑤ 设备起动前，要保证润滑良好，否则不得使用。

⑥ 更换润滑油时，必须同时更换纸质滤芯；规程规定不需更换的非纸质滤芯在正常情况下可不更换，但应按照规定的方法和周期清洗。

⑦ 各厂要积极配合生产技术部按标准取样，共同发挥油品化验对设备状态监测的指导作用，做好设备的状态监测和故障诊断工作。

⑧ 机械设备发现异常时，操作工必须及时与机修班取得联系，不得拖延，严禁盲目拆卸设备。

⑨ 废油要进行合理回收利用。

（8）设备保养前必须认真清洗，清洗应该在停机并待机体冷却到常温后进行。清洗时，应该采取措施，防止水、煤尘等进入系统内部，避免电气部件沾水。

（9）设备保养时，设备操作人员要严格按照规定在《设备保养记录》中记录实际起止时间。

模块三

机电设备维护与保养案例

项目一　数控机床的维护与保养

模块三　项目一

任务一　数控车床日常维护与资料建档

学习目标

- 了解数控车床；
- 掌握数控车床的日常维护；
- 掌握数控车床设备资料建档的要求及步骤。

任务描述

通过学习本任务，掌握数控车床的日常维修及相关资料建档的要求及步骤。

知识链接

数控车床又称为（Computerized Numerical Control Machine，CNC）车床，即计算机数字控制车床，是目前国内使用量最大，覆盖面最广的一种数控机床，约占数控机床总数的25％。数控机床是集机械、电气、液压、气动、微电子和信息等多项技术为一体的机电一体化产品，是机械制造设备中具有高精度、高效率、高自动化和高柔性化等优点的工作母机。图 3-1-1 所示为数控车床。

(a)　　　　　　　　　　　　　　　　(b)

图 3-1-1　数控车床

　　数控机床的技术水平高低及其在金属切削加工机床产量和总拥有量的百分比是衡量一个国家国民经济发展和工业制造整体水平的重要标志之一。数控车床是数控机床的主要品种之一，它在数控机床中占有非常重要的地位，几十年来一直受到世界各国的普遍重视并得到了迅速的发展。

　　数控车床、车削中心，是一种高精度、高效率的自动化机床。它具有广泛的加工工艺性能，可加工直线圆柱、斜线圆柱、圆弧和各种螺纹，具有直线插补、圆弧插补各种补偿功能，并能在复杂零件的批量生产中发挥良好的经济效果。

一、数控车床的组成

　　（1）主机，是数控车床的主体，包括机床身、主轴、进给机构等机械部件，是用于完成各种切削加工的机械部件，如图 3-1-2 所示。

图 3-1-2　数控车床主机

　　（2）数控装置，是数控机床的核心，包括硬件（印刷电路板、CRT 显示器、键盒、纸带阅读机等）以及相应的软件。它用于输入数字化的零件程序，并完成输入信息的存储、数据的变换、插补运算以及实现各种控制功能，如图 3-1-3 所示。

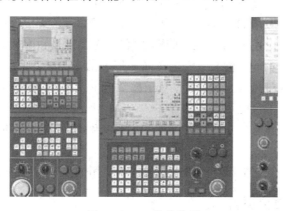

图 3-1-3　数控装置

　　（3）驱动装置，是数控机床执行机构的驱动部件，包括主轴驱动单元、进给单元、主轴电机及进给电机等。在数控装置的控制下，通过电气或电液伺服系统实现主轴和进给驱动，当几个进给联动时，可以完成定位、直线、平面曲线和空间曲线的加工，如图 3-1-4 所示。

图 3-1-4 驱动装置

（4）辅助装置指数控机床的一些必要的配套部件，用以保证数控机床的运行，如冷却、排屑、润滑、照明、监测等。

（5）编程及其他附属设备，可用来在机外进行零件的程序编制、存储等。

二、数控车床选用原则

合理选用数控车床，应遵循如下原则：

（1）前期准备。确定典型零件的工艺要求、加工工件的批量，拟定数控车床应具有的功能，合理选用数控车床的前提条件，满足典型零件的工艺要求。

典型零件的工艺要求主要是零件的结构尺寸、加工范围和精度要求。根据精度要求，即工件的尺寸精度、定位精度和表面粗糙度的要求来选择数控车床的控制精度。可靠性是提高产品质量和生产效率的保证。数控机床的可靠性是指机床在规定条件下执行其功能时，长时间稳定运行而不出故障，即平均无故障时间长，即使出了故障，短时间内能恢复，重新投入使用。因此，也可根据可靠性来选择机床。应选择结构合理、制造精良，并已批量生产的机床。一般，用户越多，数控系统的可靠性越高。

（2）机床附件及刀具选购。机床随机附件、备件及其供应能力和刀具对已投产数控车床、车削中心来说是十分重要的。选择机床，需仔细考虑刀具和附件的配套性。

（3）注重控制系统的同一性。一般选择同一厂商的产品，至少应选购同一厂商的控制系统，这会给维修工作带来极大的便利。对于教学单位，由于需要学生见多识广，选用不同的系统，配备各种仿真软件是明智的选择。

（4）根据性能价格比来选择。做到功能、精度不闲置、不浪费，不要选择和自己需要无关的功能。

（5）机床的防护需要。机床可配备全封闭或半封闭的防护装置、自动排屑装置。

三、数控车床日常维护项目

1. 机械部件的维护

1）传动链的维护

（1）定期调整主轴驱动带的松紧程度，防止因带打滑造成的丢转现象。

（2）检查主轴润滑的恒温油箱，调节温度范围，及时补充油量，并清洗过滤器。

（3）主轴中夹紧装置长时间使用后会产生间隙，影响工件的夹紧精度，需及时调整卡爪机构的位移量。

2）滚珠丝杠螺纹副的维护

（1）定期检查、调整丝杠螺纹副的轴向间隙，保证反向传动精度和轴向刚度。

（2）定期检查丝杠与床身的连接是否有松动。

（3）丝杠防护装置有损坏要及时更换，以防灰尘或切屑进入。

3）自动换刀装置的维护

（1）严禁把超重、超长的刀具装入换刀装置，以避免换刀电机过载或刀具与工件、夹具发生碰撞。

（2）经常检查换刀装置的刀具位置定位是否正确。

（3）检查换刀装置反向锁紧否到位，并及时调整。

（4）开机时，应使换刀装置空运行，检查各部分工作是否正常，特别是检查霍尔传感器与换刀电机否正常工作。

（5）检查刀具在换刀装置上安装是否可靠，发现不正常应及时处理。

2. 数控系统的维护

（1）严格遵守操作规程和日常维护制度。

（2）应尽量少开数控柜和强电柜的门，在机加工车间的空气中一般都会有油雾、灰尘，甚至金属粉末，一旦它们落在数控系统内的电路板或电子器件上，容易引起元器件间绝缘电阻下降，甚至导致元器件及电路板损坏。有的用户在夏天为了使数控系统能超负荷长期工作，采取打开数控柜的门来散热的措施，这是一种极不可取的方法，最终将导致数控系统的加速损坏。

（3）定时清扫数控柜的散热通风系统。应该检查数控柜上的各个冷却风扇工作是否正常。每半年或每季度检查一次风道过滤器是否有堵塞现象，若过滤网上灰尘积聚过多，不及时清理会引起数控柜内温度过高。

（4）数控系统的输入/输出装置的定期维护。以前生产的数控机床大多带有光电式纸带阅读机，如果读带部分被污染，将导致读入信息出错。为此，必须按规定对光电阅读机进行维护。

（5）直流电动机电刷的定期检查和更换。直流电动机电刷的过度磨损会影响电动机的性能，甚至造成电动机损坏。为此，应对电动机电刷进行定期检查和更换，最好每年检查一次。

（6）定期更换存储用电池。一般数控系统内对 CMOSRAM 存储器件设有可充电电池维护电路，以保证系统不通电期间能保持其存储器的内容。在一般情况下，即使电池尚未失效，也应每年更换一次，以确保系统正常工作。电池的更换应在数控系统供电状态下进行，以防更换时 RAM 内信息丢失。

（7）备用电路板的维护备用的印制电路板长期不用时，应定期装到数控系统中通电运行一段时间，以防损坏。

3. 机床精度的维护

定期进行机床水平和机械精度检查并校正。机械精度的校正方法有软硬两种，软方法主要是通过系统参数补偿，如丝杠反向间隙补偿、各坐标定位精度定点补偿、机床回参考点位置校正等；硬方法一般要在机床大修时进行，如进行导轨修刮、滚珠丝杠螺母副预紧调整反向间隙等。

4. 数控机床预防性维护

（1）防止数控系统和驱动单元过热。

由于数控机床结构复杂、精度高，因而对温度控制较严，一般数控机床都要求环境温度为20℃左右。机床本身也有较好的散热通风系统，在保证环境温度的同时，也应保证机床散热系统的正常工作。要定期检查电气柜各冷却风扇的工作状态，应根据车间环境状况每半年或一季度检查清扫一次。数控机床驱动装置过热往往会引起许多故障，如控制系统失常，工作不稳定，严重的还能造成模块烧坏。

（2）监视数控系统的电网电压。

通常数控系统的电网电压波动范围在 $85\% \sim 110\%$，假如超出此范围，轻则数控系统工作不稳定，重则造成重要的电子元器件损坏。因此，要经常注重电网电压的波动，对于电网质量比较恶劣的地区，应及时配置合适的稳压电源，可降低故障。

（3）机床要求有良好的接地。

现在有很多企业仍在使用三相四线制，机床零地共接，这样往往会给机床带来诸多隐患。有些数控系统对地线要求很严格，如德国DMU公司生产的五轴联动加工中心，由于没有使用单独接地线，多次造成机床误动作甚至烧毁了一套驱动系统。因此，为了增强数控系统的抗干扰能力，最好使用单独的接地线。

（4）机床润滑部位的定期检查。

为了保证机械部件的正常传动，润滑工作就显得非常重要。要按照机床使用说明书上规定的内容对各润滑部位定期检查，定期润滑。

（5）定期清洗液压系统中的过滤器。

过滤器假如堵塞，往往会引起故障。如液压系统中的压力传感器、流量传感器信号不正常，会导致机床报警。有些油缸带动的执行机构动作缓慢，会导致超时报警或执行机构动作不到位等情况。

（6）定期检查气源情况。

数控设备基本上都要使用压缩空气，用来清洁光栅尺，吹扫主轴及刀具，油雾润滑以及用气缸带动一些机械部件传动等，因而要求气源达到一定的压力，并且要经过干燥和过滤。假如气源湿度较大或气管中有杂质，会对光栅尺造成极大的影响，甚至会损坏光栅尺。同时，油雾润滑中的气源中如含有水和杂质会直接影响润滑，尤其是高精度高转速的主轴。

（7）液压油和冷却液要定期更换。

由于液压系统是封闭网路，液压油使用一定时间后油质会有所改变，影响液压系统的正常工作，因而必须按规定定期更换。

（8）定期检查机床精度。

机床使用一段时间后，其精度肯定会有所下降，甚至有可能出废品。通过对机床几何精度的检测，有可能发现机床的某些隐患，如某些部件松动等。用激光干涉仪对位置精度定期检测，如发现精度有所下降，可通过数控系统的补偿功能对位置精度进行补偿，恢复机床精度，提高效率。

（9）要注重电控柜的防尘和密封。

车间内空气中飘浮着灰尘和金属粉末，假如电控柜防尘措施不好，金属粉末则会很轻易积聚在电路板上，使电器元件间绝缘电阻下降，从而出现故障，甚至使元件损坏，这一点对于电火花加工设备和火焰切割设备尤为重要。另外，有些车间卫生较差，老鼠较多，假如电控柜密封不好，会经常出现老鼠钻进电控柜内咬断控制线，甚至将车间内肥皂、水果皮等带到线路板上，这样不仅会造成元器件损坏，严重的还会使数控系统完全不能工作，应引起足够重视。

（10）不常用的设备要注意经常开机空运转。

通过开机运行自身发热驱走数控柜内潮气，可以保证电子元器件的性能稳定可靠。实践证实，经常闲置不用的机床，尤其是在梅雨季节后，开机时往往容易发生各种故障。假如闲置时间较长，应将直流电机电刷取出来，以免由于化学腐蚀损坏换向器。

5. 数控车床日常保养注意事项

（1）一般应先分析、验证，而不是立即动手更换和修理，并且要查找故障原因，找准故障症结，杜绝非正常故障的再发生。

（2）对于数控机床，主要检查外围及接口电路、输入信号。因主电路元件很少损坏，没有一定能力，不要轻易拆装，同时注意程序作备份、断电保持功能等。

（3）对电气维护人员的要求。

① 电气维修是一项手脑结合的工作，不但需要扎实的基础和综合技能，而且还要不断更新自己的专业知识，对进口设备能熟练运用英文阅读技术资料是非常必要的。因此，电气维护人员必须具备较强的学习能力。

② 要思路清晰，逻辑性强。要能正确运用逆反、求异、发散以及跳跃性、创造性思维，克服成见和思维定势。对所出现的故障要遵循观察、分析、判断、证实、处理、再观察的规律，在认真观察、思索的基础上再动手。要养成仔细阅读说明书，列工作程序表，标记号，作好笔记的习惯。维护工具的放置、使用要规范、便利。

（4）要遵守安全操作规程。对有关的安全标准和规章制度也要严格遵守，养成良好习惯，确保人身和设备安全。

（5）机床位置环境要求。机床的位置应远离振源，避免阳光直射、热辐射、潮湿及气流的影响。数控机床的环境温度应低于30℃，相对湿度不超过80％。

（6）数控机床对电源的电压有较高的要求，电源的电压波动必须在允许范围内，并保持相对稳定。

（7）按机床说明书使用机床。使用机床时，不允许随意改变制造厂设定的控制系统的参数，不允许随意提高液压系统的压力或更换机床附件等。

四、档案归档

档案归档整理流程如下：

1. 收集

收集工作是档案管理的第一个步骤，由于涉及最后档案归档的齐全完整和有效利用，目前将其划分为两个步骤，即文件判断和确定期限。

（1）文件判断。文件判断主要是对于现有文件的归档范围进行确定，首先需要与各单位进行沟通和深入调研，根据实际情况划定合理的归档范围。

（2）期限期限。根据文件的使用频率、重要程度等划分对应的保管期限，根据不同的保管期限进行相应的管理，主要体现在年度鉴定和保管期限到期后的销毁工作上。

2. 分类

归档文件范围和保管期限表上对于各类档案进行了细致的划分，应对照表格对于收集文件进行类别的划分。

3. 编制页码

注意编制页码的时候不漏页、不重页，案卷封面、卷内目录、备考表不编页码，卷内文件在右上角开始标号，从"001"开始，遇有正反双面在反页左上角标出。

4. 装订

用不锈钢钉逐件装订或者组卷装订，避免生锈腐蚀文件。

5. 排序

对于同一类别的文件按照时间的先后顺序排列。

6. 档号标识

对于排列好的文件依次标出档号，做到不重复，不断号，保持档案编号的自然连续性。

7. 著录

著录是指对档案内容和形式特征进行分析、选择和记录的过程，著录是为了满足检索查找提供利用的需要。

8. 装盒编号

装盒即同"组卷"，将有联系的文件放置在同一盒子里，对于案卷（盒子）进行编号。案卷除包含排列好的文件外，还应包括案卷封面和备考表，案卷封面反映文件内容，备考表则对于案卷组卷情况进行说明，包括案卷包内容、日常使用和变更情况、组卷时间、组卷人和审核人等。案卷封面置于文件前面，备考表置于文件之后，二者不进行页码的标识。

9. 打印目录

打印包括卷内文件目录和案卷目录，注意按照文件的保管期限进行区分汇总。

10. 编制检索工具

对于准备好的各类目录进行整理，编制目录汇总表，提供日常利用。

11. 流程图

档案归档的流程图如图 3-1-5 所示。

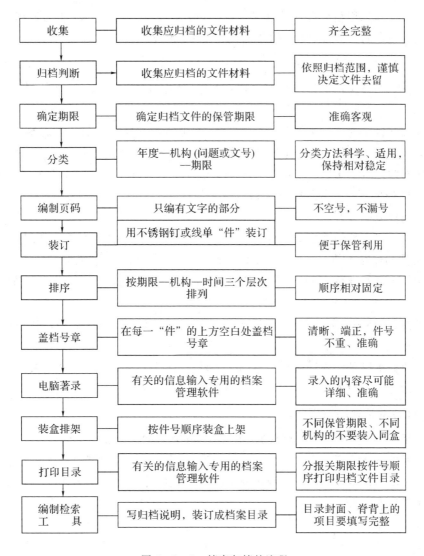

图 3-1-5 档案归档的流程

12. 档案管理注意事项

1）档案质量要求

（1）归档的档案文件应为原件。

（2）归档文件的内容及深度必须符合国家法律、法规以及有关标准、规范、规程的规定。

（3）档案的内容必须真实、准确、完整。

（4）档案应字迹清楚、图样清晰、图表整洁、签字盖章手续完备。

（5）档案的纸张应采用能够长期保存的韧性大、耐久性强的纸张。图纸一般采用蓝晒图，竣工图应是新蓝图；采用计算机出图必须清晰，不得使用计算机出图的复印件。

（6）档案文字材料的幅面尺寸规格宜为 A4 幅面（297 mm×210 mm）；图纸宜采用国家标准图幅，折叠成 A4 幅面，图标栏露在外面。

（7）归档文件采用耐久性强的书写材料，如碳素墨水、蓝黑墨水，不得使用易褪色的书写材料，如红色墨水、纯蓝墨水、圆珠笔、复写纸、铅笔等。

2）档案立卷的原则和方法

（1）立卷应遵循文件的自然形成规律，保持卷内文件的有机联系，便于档案的保管和利用。

（2）以文体特征为主，立小卷，一案一卷；企业行政类年初立前一年的卷，预立当年的卷；工程类按单位工程组卷，公用部分注明保存处，竣工后移交企管部立卷归档。

（3）各部门的资料员做好平时文件的预立卷工作，并在事件结束后的次年初或在每月初第一周将归档的预立卷的文件整理移交企管部保管，任何人不得据为己有，不经主管领导批准，不允许复印或影印件留存。

（4）立卷应以本部门形成的文件为主，根据文件形成的特点，保持文件间的历史联系，适当照顾文件的保存价值，使案卷能正确反映企业经营活动状况和面貌。

（5）文件组成案卷后，卷内文件应按照一定规律进行排列，系统地反映问题，做到查找方便。

（6）各种实物档案（奖品、奖杯、锦旗、奖章、证书、牌匾、馈赠品等）归档必须有原件，并保持其完好无损。

（7）声像档案摄录必须详细记录事由、时间、地点、主要人物、背景、摄录者，归档声像资料必须是原版、原件、清晰、完整。

3）卷内档案排列

（1）文字材料按事项、专业顺序排列。同一事项的请示与批复，同一文件的印本与定稿、主件与附件不能分开，并按批复在前请示在后，印本在前定稿在后，主件在前附件在后的顺序排列；图纸按专业排列，同专业图纸按图号顺序排列；既有文字材料又有图纸的案卷，文字材料排前、图纸排后。

（2）专业顺序。

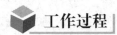 **工作过程**

一、实施目标

（1）掌握 CK6136 数控车床的日常维护。

（2）掌握 CK6136 数控车床资料建档过程。

二、实施准备

（1）CK6136 数控车床若干台。

（2）CK6136 数控车床资料若干。

三、实施内容

(1) CKA6136 数控车床的日常维护。

(2) CKA6136 数控车床档案归档。

四、实施步骤

1. CK6136 数控车床的日常保养

CK6136 数控车床的日常保养如表 3－1－1 所示。

表 3－1－1　CK6136 数控车床的日常保养

序号	检查周期	检查部位	检查内容
1	每天	导轨润滑机构	油标、润滑泵，每天使用前手动打油润滑导轨
2	每天	导轨	清理切屑及脏物，滑动导轨检查有无划痕，滚动导轨润滑情况
3	每天	液压系统	油箱泵有无异常噪声，工作油面高度是否合适，压力表指示是否正常，有无泄漏
4	每天	主轴润滑油箱	油量、油质、温度、有无泄漏
5	每天	液压平衡系统	工作是否正常
6	每天	气源自动分水过滤器自动干燥器	及时清理分水器中过滤出的水分，检查压力
7	每天	电器箱散热、通风装置	冷却风扇工作是否正常，过滤器有无堵塞，及时清洗过滤器
8	每天	各种防护罩	有无松动、漏水，特别是导轨防护装置
9	每天	机床液压系统	液压泵有无噪声，压力表示数个接头有无松动，油面是否正常
10	每周	空气过滤器	坚持每周清洗一次，保持无尘，通畅，发现损坏及时更换
11	每周	各电气柜过滤网	清洗黏附的尘土
12	不定期	电动机传动带	调整传动带松紧
13	不定期	刀库	刀库定位情况，机械手相对主轴的位置
14	不定期	冷却液箱	随时检查液面高度，及时添加冷却液，太脏应及时更换

2. CKA6136 数控车床资料归档

(1) 收集 CKA6136 数控车床所有相关资料：产品说明书、使用说明书、装箱单等。

(2) 把收集到的资料中的无用资料去除。

(3) 确定档案到达日期，以明确资料收集日期。

(4) 把收集到说明书等资料按要求进行分类。

(5) 把资料进行编码，以便于查找。

（6）把归类好的资料进行装盒或装箱处理，并打印目录。

（7）盖上档案章。

（8）对装好的资料进行排序。

（9）对资料进行电脑录入，便于数字化管理。

 任务评价

完成上述任务后，认真填写表 3-1-2 表所示的"CKA6136 数控车床的日常维护与资料建档评价表"。

表 3-1-2　CKA6136 数控车床的日常维护与资料建档评价表

组别			小组负责人	
成员姓名			班级	
课题名称			实施时间	
评价指标	配分	自评	互评	教师评
日常保养正确	10			
资料归类正确	15			
掌握机床组成	10			
数控系统保养正确	10			
电气柜保养正确	10			
对项目课题有探究兴趣，认真对待，积极参与	10			
能积极主动查阅相关资料，收集信息，获取相关学习内容	10			
善于观察、思考，能提出创新观点和独特见解，能大胆创新	10			
组员分工协作，团结合作，解决疑难问题	5			
课堂学习纪律情况	10			
总　　计	100			
教师总评（成绩、不足及注意事项）				
综合评定等级(个人 30%，小组 30%，教师 40%)				

任务练习

1. 设备资料作为数控车床的重要组成部分是不能丢失的，那么怎么做才能保存好所有的设备资料呢？

2. 在 CKA6136 数控车床的日常保养中为了避免不必要的问题，要注意哪些事项呢？

3. CKA6136 数控车床在日常保养中有哪些常规项目，各自都包含哪些重要内容？

任务小结

本任务的要点如下：
(1) 数控车床的结构组成。
(2) 数控车床的维护原则。
(3) 数控车床设备资料的归档流程。

任务拓展

阅读材料——归档简介

归档，是指文书部门将办理完毕且有保存价值的文件，经系统整理交档案室或档案馆保存的过程。归档是国家规定的一项制度，又叫"归档制度"。

归档最通用的定义是存储有组织的数据。归档的目的是长时间存放有组织的数据集，确保其将来能够被精细地检索。改进的磁带是这种应用最理想的方式。

备份是短时间存储那些频繁更换或更新的数据的副本，这相当于在一批廉价的离线介质上的数据副本。通过这种方式，可以把数据与那些基于磁盘的数据中断事件隔离开，以免同时遭到损坏。这样，如果原始数据或存储平台损坏的话，数据就可以恢复到任何磁盘阵列。在磁盘到磁盘复制解决方案中，复制只能发生在两个完全相同的设备中。此外，复制过程还可以中断，这样你就可以检查在主数据存储和镜像仓库之间的增量或差异。不过，最好别这样做，因为它可能会导致在磁盘到磁盘的复制过程中产生很多不易察觉的错误。

任务二　机床主传动系统的基础维护与保养

学习目标

- 了解机床主轴特点；
- 掌握主传动方式；
- 掌握机床主轴的维护方法及其注意事项。

任务描述

机床主轴指的是机床上带动工件或刀具旋转的轴，通常由主轴、轴承和传动件(齿轮或带轮)等组成。主轴在机器中主要用来支撑传动零件如齿轮、带轮，传递运动及扭矩，如机床主轴；有的用来装夹工件，如心轴。通过本任务的学习，了解数控机床主传动系统的特点，主轴变速方式，主轴维护方法。

知识链接

数控机床主传动链系统使数控机床把电机动力转换为机床加工切削力，其直接影响机床加工的尺寸精度和表面质量。因此，数控机床主轴与普通机床相比，要求更高。数控机床主轴如图 3-1-6 所示。

图 3-1-6 常见的数控机床主轴

一、数控机床主传动系统的特点

（1）具有更大的调速范围并实现无级调速。一般要求主轴具备 1：（100～1000）的恒转矩调速范围和 1：10 的恒功率调速范围。

（2）具有较高的精度与刚度，传递平稳，噪声低。

（3）具有良好的抗振性和热稳定性。

（4）在车削中心上，要求主轴具有 C 轴控制功能。

（5）在加工中心上，要求主轴具有高精度的准停功能。

（6）具有恒线速度切削控制功能。

二、主轴传动变速方式

主轴按不同标准有不同的分类方法，按变速方式分类，有无级调速传动和分段无级调速；按结构分类，有带有变速齿轮的主轴传动、通过带传动的主轴传动、用两个电机分别驱动主轴传动、调速电机直接驱动主轴传动、内装电动机主轴等。

1. 按变速方式分类

1）无级变速

数控机床一般采用直流或交流主轴伺服电动机实现主轴无级变速。交流主轴电动机及交流变频驱动装置（笼型感应交流电动机配置矢量变换变频调速系统），由于没有电刷，不产生火花，所以使用寿命长且性能已达到直流驱动系统的水平，甚至在噪声方面还有所降低。因此，目前无级变速应用较为广泛。

主轴传递的功率或转矩与转速之间的关系。当机床处在连续运转状态下，主轴的转速在 437～3500 r/min 范围内，主轴传递电动机的全部功率为主轴的恒功率区域。在这个区域内，主轴的最大输出扭矩随着主轴转速的增高而变小。主轴转速在 35～437 r/min 范围内，主轴的输出转矩不变，称为主轴的恒转矩区域。在这个区域内，主轴所能传递的功率随着主轴转速的降低而减小。无级变速的主轴电动机如图 3-1-7 所示。

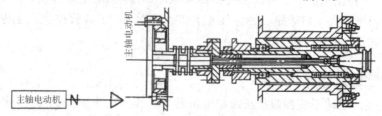

图 3-1-7 无级变速的主轴电动机

2) 分段无级变速

数控机床在实际生产中并不需要在整个变速范围内均为恒功率，一般要求在中、高速段为恒功率传动，在低速段为恒转矩传动。为了确保数控机床主轴低速时有较大的转矩和主轴的变速范围尽可能大，有的数控机床在交流或直流电动机无级变速的基础上配以齿轮变速，使之成为分段无级变速。

2. 按主传动结构分类

1) 带有变速齿轮的主传动

带有变速齿轮的主传动为大中型数控机床较常采用的配置方式，即通过少数几对齿轮传动，扩大变速范围。滑移齿轮的移位大都采用液压拨叉或直接由液压缸带动齿轮来实现，如图 3-1-8 所示。

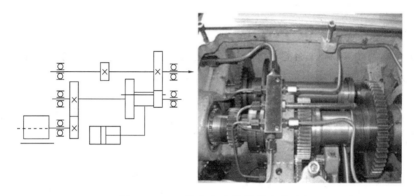

图 3-1-8 带有变速齿轮的主传动

2) 通过带传动的主传动

通过带传动的主传动主要用在转速较高、变速范围不大的机床，可以避免由齿轮传动所引起的振动和噪声，适用于高速、低转矩特性的主轴。常用有多楔带和同步齿形带，如图 3-1-9 所示。

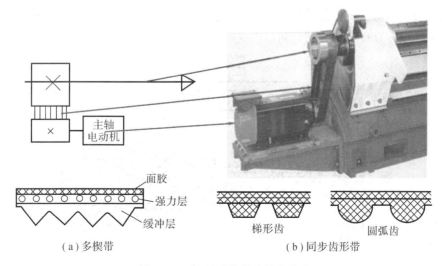

（a）多楔带　　　　　（b）同步齿形带

图 3-1-9 通过带传动的主传动

同步齿形带传动是一种综合了带传动和链传动优点的新型传动方式，带型有梯形齿和圆弧齿。同步带结构如图 3-1-10 所示。

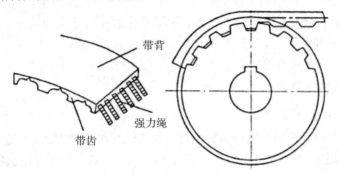

图 3-1-10　同步带结构图

3）用两个电动机分别驱动主轴

高速时，由一个电动机通过带传动；低速时，另一个电动机通过齿轮传动，如图 3-1-11 所示。两个电动机不能同时工作，这也是一种浪费。

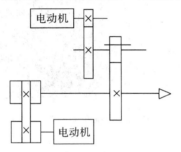

图 3-1-11　两个电动机分别驱动主轴

4）调速电机直接驱动主轴传动

这种主轴通常利用联轴器直接把主轴电机与主轴联结起来，大大简化了主轴箱体与主轴的结构，有效提高了主轴部件的刚度，但主轴输出的扭矩小，电机发热对主轴的精度影响较大。调速电机直接驱动主轴传动如图 3-1-12 所示。

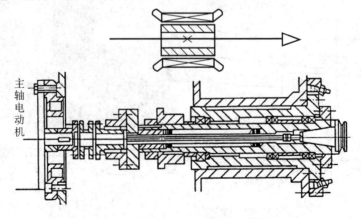

图 3-1-12　调速电机直接驱动主轴传动

5）内装电动机主轴（电主轴）

电动机转子固定在机床主轴上，结构紧凑，但需要考虑电动机的散热。电主轴是最近几年在数控机床领域出现的将机床主轴与主轴电机融为一体的新技术，它与直线电机技术、高速刀具技术一起，将会把高速加工推向一个新时代。电主轴是一套组件，它包括电主轴本身及其附件（电主轴、高频变频装置、油雾润滑器、冷却装置、内置编码器、换刀装置），如图 3-1-13 所示。

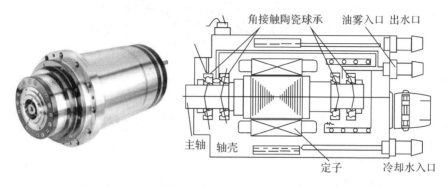

图 3-1-13　电动机主轴

三、主轴部件

主轴部件是机床的一个关键部件，它包括主轴箱、主轴头、主轴本体、轴承、同步带轮、松刀缸、润滑油管。

1. 主轴箱

主轴箱通常由铸铁铸造而成，主要用于安装主轴零件、主轴电动机、主轴润滑系统等，如图 3-1-14 所示。

图 3-1-14　主轴箱

2. 主轴头

主轴头下面与立柱的导轨连接，内部装有主轴，上面还固定主轴电机、主轴松刀装置，用于实现 Z 轴移动、主轴旋转等功能，如图 3-1-15 所示。

图 3-1-15 主轴头

3. 主轴本体

主轴本体是主传动系统最重要的零件，主轴材料的选择主要根据刚度、载荷特点、耐磨性和热处理变形等因素确定。对于数控铣床/加工中心来说，主轴本体用于装夹刀具执行零件加工；对于数控车床/车削中心来说，用于安装卡盘，装夹工件。主轴本体如图 3-1-16 所示。

图 3-1-16 主轴本体

4. 轴承

轴承用于支承主轴，如图 3-1-17 所示。

图 3-1-17 轴承

5. 同步带轮

同步带轮的主要材料为尼龙，它被固定在主轴上，与同步带啮合传动主轴，如图 3-1-18 所示。

图 3-1-18　同步带轮

6. 松刀缸

松刀缸主要是用于数控铣床/加工中心上换刀时松刀，它由气缸和液压缸组成，气缸装在液压缸的上端，如图 3-1-19 所示。工作时，气缸内的活塞推进液压缸内，使液压缸内的压力增加，推动主轴内夹刀元件，从而达到松刀作用，其中液压缸起增压作用。

图 3-1-19　松刀缸

7. 润滑油管

润滑油管主要用于主轴润滑，如图 3-1-20 所示。

图 3-1-20　润滑油管

四、主传动链的维护

（1）熟悉数控机床主传动链的结构、性能参数，严禁超性能使用。

（2）主传动链出现不正常现象时，应立即停机排除故障。

（3）每天开机前检查机床的主轴润滑系统，发现油量过低时及时加油。

（4）操作者应注意观察主轴油箱温度，检查主轴润滑恒温油箱，调节温度范围，使油量充足。

（5）定期观察调整主轴驱动皮带的松紧程度。

（6）用液压系统平衡主轴箱重量的平衡系统，需定期观察液压系统的压力表，当油压低于要求值时要进行补油。

（7）使用液压拨叉变速的主传动系统，必须在主轴停车后变速。

（8）使用啮合式电磁离合器变速的主传动系统，离合器必须在低于 $1\sim2$ r/min 的转速下变速。

（9）注意保持主轴与刀柄连接部位及刀柄的清洁，防止对主轴的机械碰击。

（10）每年对主轴润滑恒温油箱中的润滑油更换一次，并清洗过滤器。

（11）每年清理润滑油池底一次，并更换液压泵滤油器。

（12）每天检查主轴润滑恒温油箱，使其油量充足，工作正常。

（13）防止各种杂质进入润滑油箱，保持油液清洁。

（14）经常检查轴端及各处密封，防止润滑油液的泄漏。

（15）刀具夹紧装置长时间使用后，会使活塞杆和拉杆间的间隙加大，造成拉杆位移量减少，使碟形弹簧张闭伸缩量不够，影响刀具的夹紧，故需及时调整液压缸活塞的位移量。

（16）经常检查压缩空气气压，并调整到标准要求值，因为足够的气压才能使主轴锥孔中的切屑和灰尘清理彻底。

（17）定期检查主轴电动机上的散热风扇，看看是否运行正常，发现异常情况及时修理或更换，以免电动机产生的热量传递到主轴上，损坏主轴部件或影响加工精度。

（18）主轴的冷却部位要定期加油，配重部位要定期加润滑脂。

五、维护注意事项

1. 不定期检查润滑油

良好的润滑效果可以降低轴承的工作温度并延长其使用寿命。为此，在操作使用中要注意：低速时，采用油脂、油液循环润滑；高速时，采用油雾、油气润滑方式。但是在采用油脂润滑时，主轴轴承的封入量通常为轴承空间容积的 10%，切忌随意填满，因为油脂过多会加剧主轴发热。对于油液循环润滑，在操作使用中要做到每天检查主轴润滑恒温油箱，看油量是否充足，如果油量不够，则应及时添加润滑油；同时，要注意检查润滑油温度范围是否合适。

为了保证主轴有良好的润滑，减少摩擦发热，同时又能把主轴组件的热量带走，通常采用循环式润滑系统，用液压泵强力供油润滑，使用油温控制器控制油箱油液温度。高档数控机床主轴轴承采用了高级油脂封存方式润滑，每加一次油脂可以使用 $7\sim10$ 年。新型的润滑冷却方式不单要减少轴承温升，还要减少轴承内外圈的温差，以保证主轴热变形小。

常见主轴润滑方式有两种，油气润滑方式近似于油雾润滑方式，但油雾润滑方式是连续供给油雾，而油气润滑则是定时定量地把油雾送进轴承空隙中，这样既实现了油雾润滑，又避免了油雾太多而污染周围空气。喷注润滑方式是用较大流量的恒温油（每个轴承 $3\sim4\mathrm{l/min}$）喷注到主轴轴承，以达到润滑、冷却的目的。这里较大流量喷注的油必须靠排油泵强制排油，而不是自然回流，同时还要采用专用的大容量高精度恒温油箱，油温变动控制在 $\pm0.5^{\circ}\!\mathrm{C}$。

2. 主轴部件的冷却

主轴部件的冷却主要是以减少轴承发热，有效控制热源为主，如图 3-1-21 所示。

图 3-1-21　主轴冷却

3. 主轴部件的密封

主轴部件的密封不仅要防止灰尘、屑末和切削液进入主轴部件，还要防止润滑油的泄漏。主轴部件的密封有接触式密封和非接触式密封。对于采用油毡圈和耐油橡胶密封圈的接触式密封，要注意检查其老化和破损；对于非接触式密封，为了防止泄漏，重要的是保证回油能够尽快排掉，要保证回油孔的通畅。主轴密封如图 3-1-22 所示。

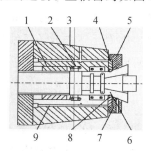

1—进油口；2—轴承；3—箱体；4、5—法兰盘；6—主轴；7—泄漏孔；8—回油斜孔；9—泄油孔
图 3-1-22　主轴密封

六、主轴常见故障维护

1. 不带变频的主轴不转

常见故障原因以及处理方法如下：

（1）机械传动故障引起：检查皮带传动有无断裂或机床是否挂了空挡。

（2）供给主轴的三相电源缺相或反相：检查电源，调换任两条电源线。

（3）电路连接错误：认真参阅电路连接手册，确保连线正确。

（4）系统无相应的主轴控制信号输出：用万用表测量系统信号输出端，若无主轴控制信号输出，则需更换相关 IC 元器件或送厂维修。

（5）系统有相应的主轴控制信号输出，但电源供给线路及控制信号输出线路存在断路或元器件损坏：用万用表检查系统与主轴电机之间的电源供给回路，判断信号控制回路是否存在断路；检查各连线间的触点是否接触不良；检查交流接触器、直流继电器是否有损坏；检查热继电器是否过流；检查保险管是否烧毁等。

2. 带变频器的主轴不转

常见故障原因及处理方法如下：

（1）供给主轴的三相电源缺相：检查电源，调换任两条电源线。

（2）数控系统的变频器控制参数未打开：查阅系统说明书，了解变频参数并更改。

（3）系统与变频器的线路连接错误：查阅系统与变频器的连线说明书，确保连线正确。

（4）模拟电压输出不正常：用万用表检查系统输出的模拟电压是否正常；检查模拟电压信号线连接是否正确或接触不良，以及变频器接收的模拟电压是否匹配。

（5）强电控制部分断路或元器件损坏：检查主轴供电这一线路各触点连接是否可靠，线路有否断路，直流继电器是否损坏，保险管是否烧坏。

（6）变频器参数未调好：变频器内含有控制方式选择，分为变频器面板控制主轴方式、NC 系统控制主轴方式等，若不选择 NC 系统控制方式，则无法用系统控制主轴，修改这一参数；检查其他相关参数设置是否合理。

3. 主轴无制动

常见故障原因及处理方法如下：

（1）制动电路异常或强电元器件损坏：检查桥堆、熔断器、交流接触器是否损坏；检查强电回路是否断路。

（2）制动时间不够长：调整系统或变频器的制动时间参数。

（3）系统无制动信号输出：更换内部元器件或送厂维修。

（4）变频器控制参数未调好：查阅变频器使用说明书，正确设置变频器参数。

4. 主轴启动后立即停止

常见故障原因及处理方法如下：

（1）系统输出脉冲时间不够：调整系统的 M 代码输出时间。

（2）变频器处于点动状态：参阅变频器的使用说明书，设置好参数。

（3）主轴线路的控制元器件损坏造成触头不自锁：检查电路上的各触点接触是否良好；检查直流继电器、交流接触器是否损坏。

（4）主轴电机短路造成热继电器保护：查找短路原因，使热继电器复位。

（5）主轴控制回路没有带自锁电路，而把参数设置为脉冲信号输出，使主轴不能正常运转：将系统控制主轴的启停参数改为电平控制方式。

5. 主轴发热

常见故障原因及处理方法如下：

（1）主轴轴承损伤或轴承不清洁：要更换轴承，清除脏物。

（2）主轴前端盖与主轴箱体压盖研伤：修磨主轴前端盖，使其压紧主轴前轴承，轴承与后盖有 0.02～0.05 mm 间隙。

（3）轴承润滑油脂耗尽或润滑油脂涂抹过多：涂抹润滑油脂或擦除部分，每个保持 3 ml 即可。

6. 主轴在强力切削时停转

常见故障原因及处理方法：

（1）电动机与主轴连接的皮带过松：移动电动机座，拉紧皮带，然后将电动机座重新锁紧。

（2）皮带表面有油：用汽油清洗后擦干净，再装上皮带。

（3）皮带使用过久而失效：更换新皮带。

（4）摩擦离合器调整过松或磨损：调整摩擦离合器，修磨或更换摩擦片。

7. 主轴噪声

常见故障原因及处理方法：

（1）缺少润滑：涂抹润滑脂，保证每个轴承涂抹润滑脂量不超过 3 ml。

（2）小带轮与大带轮传动平稳情况不佳：带轮上的平衡块脱落，重新进行动平衡。

（3）主轴与电动机连接的皮带过紧：移动电动机座，使皮带松紧度合适。

（4）齿轮啮合间隙不均匀或齿轮损坏：调整啮合间隙或更换新齿轮。

（5）传动轴承损坏或传动轴弯曲：修复或更换轴承，校直传动轴。

 工作过程

一、实施目标

（1）掌握 CKA6136 数控车床主传动链维护的基础知识。

（2）掌握 CKA6136 数控车床主轴传动链的维护步骤。

（3）掌握 CKA6136 数控车床主轴传动链故障的判断方法。

二、实施准备

（1）CKA6136 数控车床主轴实验设备若干。

（2）相关工具若干。

三、实施内容

（1）按主轴维护内容对实验台主轴进行维护。

（2）判断主轴常见故障。

四、实施步骤

1. 主轴维护

1）三爪卡盘的维护

三爪卡盘的维护操作是：松开卡爪，给卡爪上油，如图 3－1－23 所示。

图 3 - 1 - 23　给卡爪上油

2）齿轮箱润滑

齿轮箱的润滑步骤是：观察齿轮箱润滑油液面位置，打开油箱盖并加注润滑油，加油至安全刻度线中间。

3）主轴传动带的维护

主轴传动带的维护操作是：打开主轴箱前盖门，用手按压皮带，同时观察皮带松紧度，若皮带过松则更换皮带。

2. 主轴故障排除

（1）让学生维护主轴噪声过大的故障，并写出相关原因和排除方法。

（2）让学生维护主轴发热的故障，并写出相关原因和排除方法。

 任务评价

完成上述任务后，认真填写表 3 - 1 - 3 所示的"机床主传动系统维护与保养评价表"。

表 3 - 1 - 3　机床主传动系统维护与保养评价表

组别			小组负责人	
成员姓名			班级	
课题名称			实施时间	
评价指标	配分	自评	互评	教师评
正确记录主轴部件名称	10			
正确检查皮带	15			
正确检查润滑油	10			
正确检查主轴密封圈	10			
主轴噪声故障判断正确	10			
主轴发热故障判断正确	10			

续表

评价指标	配分	自评	互评	教师评
能积极主动查阅相关资料，收集信息，获取相关学习内容	10			
善于观察、思考，能提出创新观点和独特见解，能大胆创新	10			
组员分工协作，团结合作，解决疑难问题	5			
课堂学习纪律情况	10			
总　　计	100			
教师总评 （成绩、不足及注意事项）				
综合评定等级（个人 30%，小组 30%，教师 40%）				

 任务练习

1. 数控机床主传动系统是机床传递动力的重要部件，其维护的好坏直接影响着数控机床的工作精度，那么其维护内容有哪些呢？

2. 数控机床主传动系统有别于普通机床，其精度要求更高，调速范围更广，那么数控机床主轴具体特点有哪些呢？

3. 数控机床主传动系统根据运用场合不同有不同的要求，不同机床要用不同传动系统，那么主传动系统有哪些分类？

4. 主轴故障有多种形式，原因也有多种，那么其中主轴无制动力的故障原因是什么？请写出引起此故障可能的原因。

 任务小结

本任务的要点如下：

（1）数控机床主传动特点。

（2）数控机床主轴部件组成。

（3）数控机床主传动链维护原则及注意事项。

（4）数控机床主轴常见故障诊断与维护。

 **任务拓展**

阅读材料——电主轴介绍

电主轴是在数控机床领域出现的将机床主轴与主轴电机融为一体的新技术，它与直线电机技术、高速刀具技术一起，把高速加工推向一个新时代。电主轴是一套组件，它包括电主轴本身及其附件(电主轴、高频变频装置、油雾润滑器、冷却装置、内置编码器、换刀装置等)。电动机的转子直接作为机床的主轴，主轴单元的壳体就是电动机机座，并且配合其他零部件，实现电动机与机床主轴的一体化，如图3-1-24所示。

图3-1-24　电主轴

1. 电主轴结构

电主轴由无外壳电机、主轴、轴承、主轴单元壳体、驱动模块和冷却装置等组成。电机的转子采用压配方法与主轴做成一体，主轴则由前后轴承支承。电机的定子通过冷却套安装于主轴单元的壳体中。主轴的变速由主轴驱动模块控制，而主轴单元内的温升由冷却装置限制。在主轴的后端装有测速、测角位移传感器，前端的内锥孔和端面用于安装刀具。

2. 电主轴的冷却

由于电主轴将电机集成于主轴单元中，且转速很高，运转时会产生大量热量，引起电主轴温升，使电主轴的热态特性和动态特性变差，从而影响电主轴的正常工作。因此，必须采取一定措施控制电主轴的温度，使其恒定在一定范围内。目前机床一般采取强制循环油冷却的方式对电主轴的定子及主轴轴承进行冷却，即将经过油冷却装置的冷却油强制性地在主轴定子外和主轴轴承外循环，带走主轴高速旋转产生的热量。另外，为了减少主轴轴承的发热，还必须对主轴轴承进行合理的润滑。

3. 电主轴的驱动优点

电主轴具有结构紧凑、重量轻、惯性小、噪声低、响应快等优点，而且转速高、功率大，简化机床设计，易于实现主轴定位，是高速主轴单元中的一种理想结构。电主轴轴承采用高速轴承技术，耐磨耐热，寿命是传统轴承的几倍。

4. 高速轴承技术

电主轴通常采用动静压轴承、复合陶瓷轴承或电磁悬浮轴承。

动静压轴承具有很高的刚度和阻尼，能大幅度提高加工效率、加工质量，延长刀具寿命，降低加工成本，这种轴承寿命多半无限长。

复合陶瓷轴承目前在电主轴单元中应用较多，这种轴承滚动体使用热压Si_3N_4陶瓷球，轴承套圈仍为钢圈，标准化程度高，对机床结构改动小，易于维护。

电磁悬浮轴承高速性能好，精度高，容易实现诊断和在线监控。但是由于电磁测控系统复杂，这种轴承价格十分昂贵，而且长期居高不下，至今没有得到广泛应用。

5. 高速电机技术

电主轴是电动机与主轴融合在一起的产物，电动机的转子即为主轴的旋转部分，理论上可以把电主轴看作一台高速电动机，其关键技术是高速度下的动平衡。

6. 冷却装置

为了尽快给高速运行的电主轴散热，通常对电主轴的外壁通以循环冷却剂，目的是保持冷却剂的温度。

7. 内置脉冲编码器

为了实现自动换刀以及刚性攻螺纹，电主轴内置一脉冲编码器，以实现准确的相角控制以及与进给的配合。

8. 自动换刀装置

为了应用于加工中心，电主轴配备了自动换刀装置，包括碟形簧、拉刀油缸等。

9. 高速刀具的装卡方式

广为熟悉的 BT、ISO 刀具已被实践证明不适合于高速加工。这种情况下，出现了 HSK、SKI 等高速刀具。

10. 高频变频装置

要实现电主轴每分钟几万甚至十几万转的转速，必须用一高频变频装置来驱动电主轴的内置高速电动机，变频器的输出频率必须达到上千或几千赫兹。

任务三　导轨副的基础维护与保养

 学习目标

- 了解导轨副的分类；
- 掌握导轨副预紧调整方法；
- 掌握导轨副的常见修复方法；
- 掌握导轨副常见故障的判断与维护。

任务描述

机床导轨是车床上各个部件移动和测量的基准，也是各个部件的安装基础。导轨精度直接影响数控机床的加工精度，同时导轨精度的保持性对车床的使用寿命也有很大的影响。如图 3-1-25 所示为常见机床导轨。通过本任务的学习，了解机床导轨的常见分类及机床对导轨的精度要求，认识导轨常用工量具，掌握导轨常见维护项目。

图 3-1-25　常见机床导轨

知识链接

导轨：金属或其他材料制成的槽或脊，可承受、固定、引导移动装置或设备并减少其摩擦的一种装置。导轨表面上的纵向槽或脊，用于导引、固定机器部件、专用设备、仪器等。导轨又称滑轨、线性导轨、线性滑轨，用于直线往复运动场合，拥有比直线轴承更高的额定负载，同时可以承担一定的扭矩，可在高负载的情况下实现高精度的直线运动。

一、导轨的分类

导轨主要分为两大类：滑动导轨和滚动导轨。

1. 常见滑动导轨

滑动导轨的最大优点就是耐磨性好，工艺性好，成本低。因此，滑动导轨是机床导轨中使用最广泛的类型，也是其他类型导轨的基础。滑动导轨按其导轨截面的形状可分为矩形导轨、三角形导轨、燕尾形导轨、圆柱形导轨、双三角形导轨、三角形－平面导轨等。

1）矩形导轨

矩形导轨按形状可分为凸形和凹形两种，如图 3-1-26 所示。凸形导轨容易清除切屑，不易存留润滑油，故常用于低速移动的场合。凹形导轨能存油，润滑条件好，用于速度较大的场合，但必须有充分的防护措施。矩形导轨承载能力大、刚度高、制造简便、检验维修方便，但是存在侧隙，需用镶条调整，导向性差，常用在载荷大且导向性要求略低的机床。

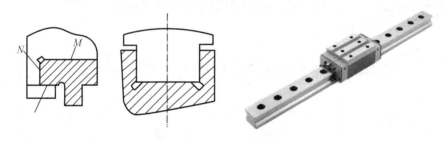

图 3-1-26　凸形和凹形导轨

2）三角形导轨

三角形导轨的特点是具有自动补偿磨损的能力，故其导向性好，但制造较麻烦。三角形导轨面磨损时，动导轨会自动下沉，自动补偿磨损量，无间隙，顶角 α 在 90°～120°范围内变化，α 角越小，导向性越好，但摩擦力越大。因此，小顶角导轨用于轻载精密机床，大顶角导轨用于大、重型机床，如图 3-1-27 所示。

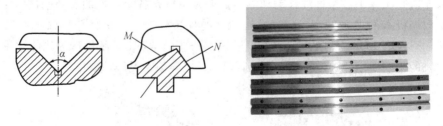

图 3-1-27　三角形导轨

3）燕尾形导轨

燕尾形导轨可承受较大颠覆力矩，导轨的高度较小，结构紧凑，间隙调整方便，但刚度较差，加工、检验、维修不大方便。燕尾形导轨用于受力小、层次多，要求间隙调整方便的部件。燕尾形导轨如图 3-1-28 所示。

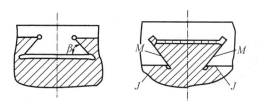

图 3-1-28　燕尾形导轨

4）圆柱形导轨

圆柱形导轨制造方便，工艺性好，内孔可以珩磨，外圆经过磨削可以达到精密配合，但磨损后较难调整和补偿间隙。为防止转动，可在圆柱表面开键槽或加工出平面，但不能承受较大的转矩。圆柱形导轨主要用于受轴向负荷的导轨，也适用于同时做直线运动和转动的场合，如图 3-1-29 所示。

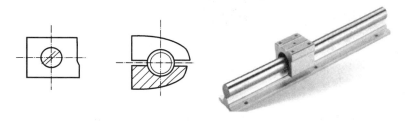

图 3-1-29　圆柱形导轨

5）双三角形导轨

双三角形导轨的特点是导向精度高，承载能力大，精度保持性好，对温度变化较敏感。双三角形导轨如图 3-1-30 所示。

6）三角形-平面导轨

三角形-平面导轨的导向精度高，承载能力大，对温度变化不敏感，工艺性好，但磨损后不能自动调整间隙，如图 3-1-31 所示。

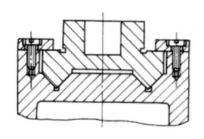

图 3-1-30　双三角形导轨

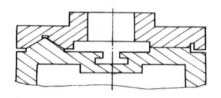

图 3-1-31　三角形-平面导轨

2. 滚动导轨

滚动导轨是导轨副之间采用滚动摩擦形式，按滚动体的形状可分为滚珠导轨、滚柱导轨、滚针导轨等形式。它的优点是摩擦系数小，定位精度高，移动轻便，使用寿命长，多数为油脂润滑，也有用油雾润滑，但抗振性差，制造困难，成本较高。

1）滚珠导轨

滚珠导轨结构简单，制造方便，但因接触面积小，故刚度低，一般适用于承载能力较小的场合，如工具磨床的工作台等。滚珠导轨一般可调预紧力结构，用螺钉调节导轨间隙和预紧，可增加导轨刚度、运动精度，可承受较大的倾侧力矩。滚珠导轨如图 3-1-32 所示。

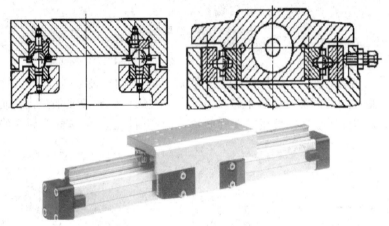

图 3-1-32　滚珠导轨

2）滚柱导轨

滚柱导轨的承载能力和刚度都比滚珠导轨大，适用于承载能力较大的机床，但它对导轨的平行度要求较高，否则将明显降低运动精度且使磨损加剧。因此，滚柱最好做成腰鼓形，中间直径比两端大 0.02 mm 左右。滚珠导轨如图 3-1-33 所示。

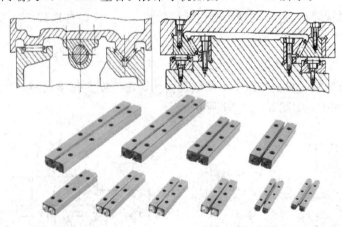

图 3-1-33　滚柱导轨

3）滚针导轨

滚针比滚柱的直径小，在相同的长度上可排列更多的滚针，因而其承载能力大，结构紧凑，但摩擦力也要大一些，适用于尺寸受限制的场合。滚针导轨如图 3-1-34 所示。

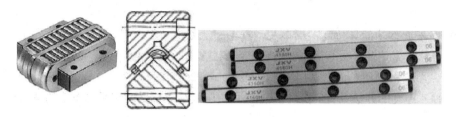

图 3 - 1 - 34 滚针导轨

二、导轨副的调整维护

1. 间隙调整

导轨结合面配合的松紧对机床的工作性能有相当大的影响。配合过紧不仅操作费力，还会加快磨损；配合过松则影响运动精度，甚至会产生振动。因此，除在装配过程中应仔细调整导轨的间隙外，在使用一段时间后因磨损还需重调，常用镶条和压板来调整导轨的间隙。

1）镶条调整间隙

镶条应放在导轨受力小的一侧面，常用的有平镶条和楔形镶条两种。

平镶条：平镶条靠调节螺钉 1 移动镶条 2 的位置而调整间隙，如图 3 - 1 - 35 所示。

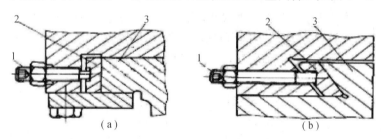

（a） （b）

图 3 - 1 - 35 平镶条

楔形镶条：楔形镶条两个面分别与动导轨和支撑导轨均匀接触，所以比平镶条的刚度高，但加工较困难。楔形镶条的斜度为 1：100～1：40，镶条越长斜度应越小，以免厚度相差太大。楔形镶条如图 3 - 1 - 36 所示。

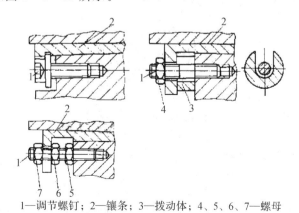

1—调节螺钉；2—镶条；3—拨动体；4、5、6、7—螺母

图 3 - 1 - 36 楔形镶条

2) 压板调整间隙

压板用于调整辅助导轨面的间隙并承受颠覆力矩。

矩形导轨上常用的压板装置形式有修复刮研式、镶条式、垫片式，如图 3-1-37 所示为几种压板装置。图(a)用磨或者刮压板 3 的 e 或 d 面来调整间隙，图(b)是用改变压板与溜板结合面间垫片 4 厚度的办法调整间隙的，图(c)是在压板和导轨之间用平镶条 5 调节间隙。

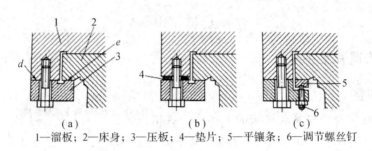

（a） （b） （c）

1—溜板；2—床身；3—压板；4—垫片；5—平镶条；6—调节螺丝钉

图 3-1-37 压板装置

2. 导轨的预紧

为了提高数控机床滚动导轨的刚度，应对滚动导轨进行预紧。预紧可提高接触刚度和消除间隙；在立式滚动导轨上，预紧可防止滚动体脱落和歪斜。常见的数控机床预紧方法有两种，即过盈配合法和调整法。

（1）过盈配合法。预加载荷大于外载荷，预紧力产生过盈量为 2~3 μm，过大会使牵引力增加。若运动部件较重，其重力可起预加载荷作用；若刚度满足要求，可不施加预加载荷。如图 3-1-38 所示为采用过盈预紧滚动导轨的方法示意。

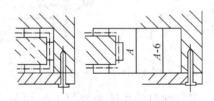

图 3-1-38 过盈预紧

（2）调整法。机床通过调整螺钉、斜块或偏心轮来进行预紧，如图 3-1-39 所示。

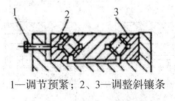

1—调节预紧；2、3—调整斜镶条

图 3-1-39 调整预紧

三、常用机床导轨的修复方法

1. 刮研修复法

刮研修复法是通过导轨与标准检具（或与其相配的件）配研和刮削，使导轨精度达到要求的修复方法。刮研修复法具有精度高、表面美观、存油情况良好和耐磨性好等优点，但劳动强度大，生产效率低，一般适用于高精度机床，或者条件较差的工厂和车间的设备修理。

机床导轨一般都是成组导轨，刮研时，首先按导轨修理原则确定出作为基准的导轨面，并利用标准检具研点进行刮削，使其平面度达到技术要求，然后再以它为基准刮削其他导轨面，以完成整个机床导轨的刮削并达到技术要求。

2. 配磨修复法

机床床身导轨和配合件（工作台、床鞍等）的导轨都采用磨削加工来达到要求，因而不用手工刮研，大大地提高了劳动生产率，但在工艺装备中要提供一套合格的导轨副研具。

3. 粘接修复法

机床导轨局部磨损后，为了延长机床使用寿命并降低设备运行成本，采用聚四氟乙烯板代替金属板粘补导轨，以修复磨损的导轨。

4. 电刷镀—钎焊法修复法

由于铸铁导轨具有良好的减振耐磨性、稳定性，且成本较低，所以一直是大多数机床设计人员的首选。但铸铁存在硬度低、组织疏松、毛坯缺陷多等弱点，承载较重的大型机床容易造成导轨磨损、拉伤，从而降低了机床精度，影响产品质量。因此，常采用电刷镀—钎焊法快速修复机床导轨的表面缺陷。

铸铁含碳量较高，组织疏松，直接在上面钎焊结合力较差，因而可以选用镍作为过渡层，碱铜作为中间层。其中镍作为过渡层或底层与基体结合力好，碱铜作为中间层既可与镍牢固结合，又可与钎焊层锡秘合金结合。并且，锡秘合金熔点低，流动性、韧性、耐磨性都比较好，同时其硬度、熔点可根据合金成分在一定范围内调整。

四、导轨副的常见故障及诊断

导轨副的常见故障及诊断排除方法如表3-1-4所示。

表3-1-4　导轨副的常见故障及诊断排除方法表

序号	故障内容	故障原因	解决措施
1	导轨磨损	机床经过长期使用，地基与床身水平度有变化，使得导轨局部单位面积负荷过大	定期进行床身导轨的水平度调整或者修复导轨精度
		长期加工短工件或者承受过分集中的负载，使得导轨局部磨损严重	注意合理分布短工件的安装位置，避免负荷过度集中
		导轨润滑不良	调整导轨润滑油量，保证润滑油的压力

序号	故障内容	故障原因	解决措施
1	导轨磨损	导轨材质不良	用电镀加热自冷淬火对导轨进行处理，导轨上增加锌铝铜合金板，以改善摩擦情况
		刮研质量不符合要求	提高刮研修复的质量
		机床维护不当，导轨里落入脏物	加强机床保养，保护好导轨防护装置
2	导轨上移动部件运动不良或者不能移动	导轨面研伤	用砂布修磨机床与导轨面上的研伤
		导轨压板研伤	卸下压板，调整压板和导轨之间的间隙
		导轨镶条与导轨间隙太小，调节得过紧	松开镶条止退螺钉，调整镶条螺栓，使运动部件运动灵活，保证 0.03 mm 塞尺塞不入，然后锁紧止退螺钉
3	加工平面在接刀处不平	导轨直线度超差	调整或者修刮导轨，公差为 0.015/500
		工作台塞铁松动或者塞铁弯度太大	调整塞铁间隙，塞铁弯度在自然状态下应该小于 0.05 mm
		机床水平度差，使得导轨发生弯曲	调整机床安装水平度，保证平行度、垂直度的误差在 0.02/1000 以内

五、机床导轨修理中常用的检具和量具

1. 常用检具

(1) 平尺，主要用作导轨的刮研和测量的基准。平尺有桥形平尺、平行平尺和角度平尺三种，如图 3-1-40 所示。

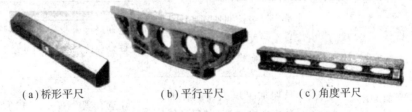

(a) 桥形平尺　　　　(b) 平行平尺　　　　(c) 角度平尺

图 3-1-40　平尺

① 桥形平尺上表面为工作面，用来刮研或测量机床导轨。

② 平行平尺有两个相互平行的工作面。

③ 角度平尺用来检查燕尾导轨。

平尺用灰口铸铁铸成，经机加工和热处理消除内应力，工作面要刮削至 25 点/(25 mm×

25 mm)(1 级平尺) 或 20 点/(25 mm×25 mm)(2 级平尺)。

(2) 方尺和直角尺,用来检查机床部件之间垂直度的量具,常用的有方尺、平角尺、宽底座角尺和直角平尺四种,如图 3-1-41 所示。

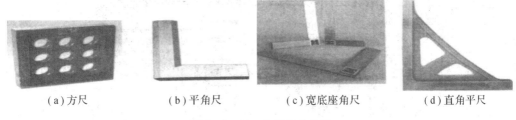

(a)方尺　　　　(b)平角尺　　　　(c)宽底座角尺　　　　(d)直角平尺

图 3-1-41　方尺和直角尺

(3) 垫铁,一种检验导轨精度的辅助工具,主要用作水平仪和百分表等精密量具的垫铁。垫铁的材料多为铸铁,根据使用目的和导轨形状不同制成多种形状,如图 3-1-42 所示。

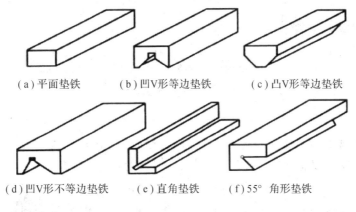

(a)平面垫铁　　　(b)凹V形等边垫铁　　　(c)凸V形等边垫铁

(d)凹V形不等边垫铁　　(e)直角垫铁　　(f)55°角形垫铁

图 3-1-42　垫铁

(4) 检验棒,主要用来检查机床主轴和套筒类零部件的径向跳动、轴向窜动、同轴度、平行度等,是机床修理、装配的常用工具。检验棒一般用工具钢制成,经过了热处理和精密加工,精度较高,使用后应清洗、涂油、吊挂保存。为减轻质量,检验棒可制成空心结构,为便于装拆、保管,可做出拆卸螺纹和吊挂用孔。检验棒按主轴结构和检验项目不同,可制成不同的结构形式,如长检验棒(如图 3-1-43 所示)和短检验棒、圆柱检验棒。

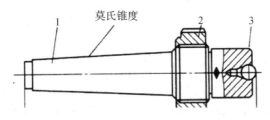

1—莫氏锥柄;2—退卸螺母;3—测量圆柱面

图 3-1-43　长检验棒

(5) 检验桥板,检验机床导轨面间相互位置精度的一种工具,一般与水平仪结合使用。根据不同形状的导轨,可制作不同结构的检验桥板,如图 3-1-44 所示为常用的一种。检验桥板与导轨接触部分及本身的跨度可以更换和调整，以适应多种床身导轨组合的测量。

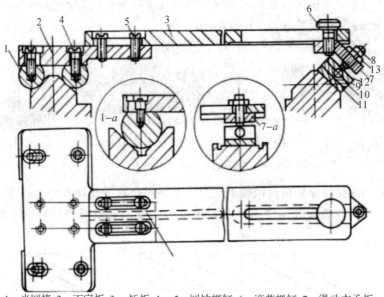

1—半圆棒; 2—丁字板; 3—桥板; 4、5—圆柱螺钉; 6—滚花螺钉; 7—滑动支承板
8—调整杆; 9—盖板; 10—垫板; 11—接触板; 12—圆柱头铆钉; 13—六角螺母; 14—平键

图 3-1-44　检验桥板

2. 常用量仪

水平仪主要用来测量导轨在垂直平面内的直线度、工作台面的平面度及零件间的垂直度和平行度等。水平仪有条形水平仪、框式水平仪和合象水平仪等，如图 3-1-45 所示。

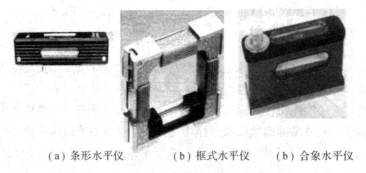

（a）条形水平仪　　　（b）框式水平仪　　　（b）合象水平仪

图 3-1-45　水平仪

六、导轨维护项目

1. 润滑

当使用直线运动系统时，必须提供良好的润滑功能。如果以无润滑的状态使用，将会使导轨滚动部分更快地磨损，进而使其使用寿命缩短。

2. 防锈

（1）确定材料。直线运动系统有必要选择能够满足使用环境要求的材质。为了能够在要求耐蚀性的环境中使用，某些直线运动系统可以使用马氏体不锈钢。

（2）表面处理。直线运动系统的 LM 轨道和轴的表面可以因防锈或审美之目的进行表面处理。

3. 防尘

如果粉尘及其他异物进入直线运动系统，将导致异常磨损，并缩短其使用寿命，因而必须防止异物进入系统。所以，预计可能会有粉尘及其他异物进入时，有必要选择满足使用环境条件的密封装置或防尘装置。

（1）直线导轨的清洁。首先把滑台移动到最右侧（或左侧），找到直线导轨，用干棉布擦拭直到光亮无尘；再加上少许润滑油（可采用缝纫机油，切勿使用机油），将滑台左右慢慢推动几次，让润滑油均匀分布即可。

（2）滚轮导轨的清洁。把横梁移动到内侧，打开机器两侧端盖，找到导轨，用干棉布把两侧导轨与滚轮接触的地方擦拭干净，再移动横梁，把剩余地方清洁干净。

4. 导轨调整

（1）镶条调整间隙。常用镶条有两种，即等厚度镶条和斜镶条。其中，等厚度镶条是一种全长厚度相等、横截面为平行四边形（用于燕尾形导轨）或矩形的平镶条，通过侧面螺钉的调节与螺母锁紧，以其横向位移来调整间隙，由于压紧力作用点因素的影响，在螺钉的着力点有挠曲。而斜镶条是一种全长厚度变化的镶条，它配合 3 种常用调节螺钉，以斜镶条的纵向位移来调整间隙。斜镶条在全长上支承，其斜度为 1∶40 或 1∶100，由于楔形的增压作用会产生过大的横向压力，调整时应细心。

（2）压板调整间隙。矩形导轨上常用的压板装置形式有修复研式、镶条式、垫片式。压板用螺钉固定在动导轨上，常用钳工配合刮研及选用调整垫片、平镶条等机构，使导轨面与支承面之间的间隙均匀，达到规定的接触点数。数控车床压板结构，如间隙过大，应修磨或刮研 B 面；间隙过小或压板与导轨压得太紧，则可刮研或修磨 A 面。

（3）压板镶条调整间隙。T 形压板用螺钉固定在运动部件上，运动部件内侧和 T 形压板之间放置斜镶条，镶条不是在纵向有斜度，而是在高度方面做成倾斜。数控车床调整时，借助压板上几个推拉螺钉，使镶条上下移动，从而调整间隙。

七、维护注意事项

维护导轨时应注意下列事项：

（1）细心将导轨副拆下，竖直于清洗池中，用洁净汽油沿导轨淋洗，同时移动滑块。必要时将滑块从导轨上卸下，由于其良好的保持性（保持架具有保持、反向两大功能），钢球不会从滑块中掉下。反复数次，待干净后，重新润滑安装。

（2）需要拆散清洗的滚动导轨副，可沿一端将滑块卸下，去掉各紧固件，将组件拆散。由于反向机构两端的定位销与滑块沉孔过盈配合，在拆下防尘盖时，应用一字旋具沿滑块两侧轻轻均匀撬起，然后沿滑块长度方向施力，将反向器拆下。如果用力过大，既会损坏反向器的定位销，又会使保持架变形，装配后影响产品使用性能。同一根导轨上的钢球应收集在一起（由于采用分档钢，各滑块内钢球有差别），清洗后重新装入。磨损或丢失的钢球，应按原装入钢球精度等级，在原档次的基础上加大 0.001～0.002 mm 范围内调整。

（3）滚动直线导轨副的装配是一项精细工作。由于导轨副有基准导轨、非基准导轨之分和基准面、非基准面之分，故其装配工作也有区别，要注意拆下时的配合关系。装配时，先将反向器紧固到滑块一端，保持架卡放在反向器定位槽中，紧固滑块另一端反向器，再将适当钢球放入滑块滚道中，用润滑脂粘住钢球，轻轻推到装配用辅助导轨上（若没有，可以向生产厂家咨询），再将两端防尘盖及压注油杯紧固，调整两端紧固螺钉，使其预紧力均匀，钢球运动平稳、流畅。

组装好的导轨副，应按《机床用滚动直线导轨副验收技术条件》JB/T7175.2—93 标准重新检测，检测合格后方可使用。

 工作过程

一、实施目标

（1）掌握导轨副的结构。

（2）掌握导轨副的保养。

二、实施准备

（1）导轨副实验器材若干。

（2）保养用具及润滑油。

三、实施内容

（1）让学生进行间隙调整，并记录步骤。

（2）让学生进行润滑系统保养，并记录步骤。

四、实施步骤

1．间隙调整

当机床长期工作后，由于种种原因使导轨与镶条间产生较大的间隙，影响加工，此时可按以下方法加以适当调整。

工作台与滑鞍为燕尾导轨接合面，应调整其配合的镶条间隙，具体步骤如下：

（1）先拆去防尘压盖。

（2）松开左侧镶条小端槽头螺钉。

（3）调整另一侧镶条调节螺钉，直至间隙调整合适为止。

（4）锁紧左侧螺钉。

（5）松开右侧调节螺钉后，锁紧该调节螺钉，调整即告完毕。

（6）清洁导轨副，清理防护罩，进行润滑保养。

2．润滑油系统保养

（1）切断电源。

（2）去下主体盖子后旋紧螺栓，并将油箱去下，切勿将油倒出。

（3）清除油箱内的污垢。

（4）去下吸口滤嘴的吸入口。

（5）用煤油冲洗滤嘴后，用空气喷枪吹干吸口滤嘴。

（6）去下加油口过滤器，并冲洗干净。

（7）置回吸口滤嘴和过滤器。

（8）锁紧螺丝，固定盖子和油箱。

（9）按指定用油加入油箱，并且注意液面的高度，不能溢出。

（10）最后打开电源，按下手动润滑按钮，让润滑油流向滑动面，同时确认滑动面是否有油膜覆盖住。

 任务评价

完成上述任务后，认真填写表 3-1-5 所示的"机床导轨副维护评价表"。

表 3-1-5 机床导轨副维护评价表

组别			小组负责人	
成员姓名			班级	
课题名称			实施时间	
评价指标	配分	自评	互评	教师评
正确认识导轨	10			
正确清洁导轨	15			
正确调整导轨	10			
正确安装导轨	10			
正确使用检、量具	10			
对项目课题有探究兴趣，认真对待，积极参与	10			
能积极主动查阅相关资料，收集信息，获取相关学习内容	10			
善于观察、思考，能提出创新观点和独特见解，能大胆创新	10			
组员分工协作，团结合作，解决疑难问题	5			
课堂学习纪律情况	10			
总　计	100			
教师总评（成绩、不足及注意事项）				
综合评定等级（个人 30%，小组 30%，教师 40%）				

任务练习

1. 导轨副作为机床的重要组成部件，其常见类型有哪些？

2. 导轨副是机床使用最频繁的部件，其常见故障有哪些，如何解决？

3. 导轨副在发生故障之后常见的修复方法有哪些？

4. 导轨副作为精密的传动部件，其维护项目有哪些，维护注意事项是什么？

 任务小结

本任务的要点如下：

(1) 导轨副的分类。

(2) 导轨副的常见故障及排除措施。

(3) 导轨副的常见维修方法。

(4) 导轨副的常见维护项目及注意事项。

 任务拓展

阅读材料——机床导轨的保护

随着大型机床向高速、重载、高精度以及自动化的方向发展，改善机床导轨的工作条件，以及如何提高并保持机床导轨的精度日益引起人们的注意。由于铸铁导轨具有良好的减振耐磨性、稳定性，且成本较低，所以一直是大多数机床设计人员的首选。但铸铁存在硬度低、组织疏松、毛坯缺陷多等弱点，承载较重的大型机床容易造成导轨磨损、拉伤，从而降低了机床精度，影响产品质量。因此，提高导轨表面的耐磨性，以及表面缺陷的快速修复十分必要。实践证明，表面淬火、电刷镀方法保护导轨是目前理想的手段。

一、导轨电接触表面淬火

电接触表面淬火的主要原理是：用一个电极（石墨或紫铜滚轮）与工件紧密接触，通过滚轮的低压强电流，在电极与工件接触表面形成电阻热使接触表面迅速加热，并通过压缩空气使工件表面迅速冷却，保证导轨表面形成极细的马氏体与片状石墨，达到表面淬火的目的；同时，滚轮以一定的速度向前移动，这样就可以达到对整条导轨进行表面淬火的要求。经过实际测试采用此种方法淬火层可达到 0.3～0.4 mm，硬度为 59～61HRC，淬火后再用磨光机对表面进行磨平处理，完全保证了机床导轨的设计要求。同时，由于采用此种方法使导轨变形小、投资少、操作简单、速度快，所以经济效益非常明显。目前，大型机床的平导轨、V 形导轨均采用此种淬火、磨平方法，简单有效。其中，一台淬火机一天可以完成 3～5 台长 12～15 m 的机床导轨的表面淬火。

二、用电刷镀保护机床导轨

在导轨表面刷镀金属或合金作为工作层也可以强化其表面硬度，提高耐磨性，达到进一步降低粗糙度的要求。一般选用快速镍、镍钴钨合金、镍钨 D 合金作为工作层。其中快速镍合金电沉积速度快，硬度与 45 号钢相当，耐磨性好于淬火 45 号钢；镍钴钨合金和镍钨 D 合金性能相似，都具有很高的硬度（58～60 HRC），耐磨性为 45 号钢的两倍，但电沉积速度较快速镍慢。因此，对于一般中、小机床电刷镀，快速镍即可达到保护导轨的目的，对于大型机床或精密度要求较高的机床，用镍钨 D 合金或镍钴钨合金工作层较理想。

任务四　换刀装置的基础维护与保养

学习目标

- 了解数控机床换刀装置的类别；
- 掌握数控机床换刀装置维护的步骤。

任务描述

换刀装置是数控机床最普遍的一种辅助装置，它可使数控机床在工件一次装夹中完成多种甚至所有的加工工序，以缩短加工的辅助时间，减少加工过程中由于多次安装工件而引起的误差，从而提高机床的加工效率和加工精度。

通过本任务的学习，了解换刀装置的分类及其维护项目和注意事项。如图 3-1-46 所示为常见换刀装置。

图 3-1-46　换刀装置

知识链接

数控机床换刀装置种类繁多，样式也比较多，但是它们的作用都是为数控机床提供服务，提高数控机床加工效率。数控机床基本上可以分为两大类：数控车刀架系统和加工中心刀库。

一、数控车刀架

1. 数控车刀架概述

数控车刀架以电动为主，分为立式和卧式两种。立式刀架有四、六工位两种形式，主要用于简易数控车床；卧式刀架有八、十、十二等工位，可正、反方向旋转，就近选刀，用于全功能数控车床。另外，卧式刀架还有液动刀架和伺服驱动刀架。

数控刀架是以回转分度实现刀具自动交换及回转动力刀具的传动。典型数控转塔刀架一般由动力源（电机或油缸、液压马达）、机械传动机构、预分度机构、定位机构、锁紧机构、检测装置、接口电路、刀具安装台（刀盘）、动力刀座等组成。数控转塔刀架的动作循环为 T 指令（换刀指令—刀盘旋转—刀位检测—预分—精确定位—刀盘锁紧—结束信号）。如图 3-1-47 所示为转塔刀架。

图 3－1－47 转塔刀架

2. 数控车床对刀架的基本要求

（1）换刀时间短，以减少非加工时间。

（2）减少换刀动作对加工范围的干扰。

（3）刀具重复定位精度高。

（4）识刀、选刀可靠，换刀动作简单可靠。

（5）刀库刀具存储量合理。

（6）刀库占地面积小，并能与主机配合，使机床外观协调美观。

（7）刀具装卸、调整、维修方便，并能得到清洁维护。

3. 电动方刀架的常见故障

电动方刀架的常见故障及诊断排除方法如表 3－1－6。

表 3－1－6 电动方刀架的常见故障及诊断排除方法

序号	故障现象	故障原因	排除方法
1	电机启动不了或上刀体不转动	电机三相电源线相序接反	立即切断电源，调整电机相序
		电源电压偏低	电源电压正常后再使用
2	上刀体连转不停或刀台在某刀位不停	发讯盘电源故障	去掉上罩壳，检查发讯盘接线是否有短路或开路现象；检查发讯盘电源电压是否正常；检查机床相关接线是否良好；调整磁钢磁极方向；调整磁钢与霍尔元件位置；更换霍尔元件
		发讯盘某刀位信号线接触不良	
		某霍尔元件断路或短路	
		磁钢磁极装反	
		磁钢与霍尔元件高度位置不准	
		某霍尔元件与磁钢无信号	
3	刀架锁不紧	刀架电机反转时间不够	重设刀架反转锁紧时间；检查机床相关接线是否良好；检查机床相关控制程序是否正确；不能用刀架锁紧信号控制反转接触器
		刀架电机正反转接触器的接线接触不良	
		用刀架锁紧信号关断电机反转接触器	

续表

序号	故障现象	故障原因	排除方法
4	刀台换刀位时，不到位或过冲太大	磁钢在圆周方向相对霍尔元件太前或太后	调整磁钢在圆周方向相对于霍尔元件的位置；修改程序，删除在刀架电机正转停止和刀架电机反转开始之间的延时
		机床动作控制程序中，在刀架电机正转停止和反转开始之间插入较长延时	
5	工件的加工表面出现波纹	刀架没有充分锁紧	适当延长锁紧时间
		车刀固定不牢固或刀杆太细	

注：调整霍尔元件与磁钢的相对位置一般在刀架锁紧状态下进行，霍尔元件应比磁钢向前大约磁钢宽度的三分之一。

4. 数控车刀架日常维护

(1) 每次上下班清扫散落在刀架表面上的灰尘和切屑。

(2) 及时清理刀架体上的异物，防止其进入刀架内部，保证刀架换位的顺畅无阻。

(3) 严禁超负荷使用。

(4) 严禁撞击、挤压通往刀架的连线。

(5) 减少刀架被间断撞击（断续切削）的机会，保持良好操作习惯，严防刀架与卡盘、尾座等部件的碰撞。

(6) 保持刀架的润滑良好，定期检查刀架内部润滑情况。

(7) 尽可能减少腐蚀性液体的喷溅，无法避免时，下班后应及时擦拭涂油。

(8) 注意刀架预紧力的大小要调节适度。

(9) 经常检查并紧固连线、传感器元件盘（发信盘）、磁铁，注意发讯盘螺母连接紧固，如松动易引起刀架的越位过冲或转不到位。

(10) 定期检查刀架内部机械配合是否松动，否则容易造成刀架不能正常夹紧的故障。

(11) 定期检查刀架内部后靠定位销、弹簧、后靠棘轮等是否起作用，以免造成机械卡死。

二、加工中心刀库

1. 加工中心刀库概述

刀库系统是加工中心自动化加工过程中需储刀和换刀的一种装置，主要由刀库和换刀机构构成。刀库主要提供储刀位置，并能依程式控制正确选择刀具加以定位，以进行刀具交换，换刀机构则执行刀具交换的动作。刀库和换刀机构必须同时存在，二者相辅相成，缺一不可。根据刀库的容量、外形和取刀方式可以分为以下几种：

1) 斗笠式刀库

斗笠式刀库简述：斗笠式刀库是数控加工中心最常见的一种刀库，其因刀库形状像个大斗笠而得名，一般储刀的数量不能太多，以8～24把最好，具有体积小、安装方便、故障率低等特点，所以在立式加工中心应用比较多。斗笠式刀库换刀需要的时间为4 s～6 s左右。斗笠式刀库如图 3-1-48 所示。

斗笠式刀库的动作过程：斗笠式刀库在换刀时整个刀库向主轴平行移动，首先，取下主轴上原有刀具，当主轴上的刀具进入刀库的卡槽时，主轴向上移动脱离刀具；其次，主轴安装新刀具，这时刀库转动，当目标刀具对正主轴正下方时，主轴下移，使刀具进入主轴锥孔内，刀具夹紧后，刀库退回原来的位置，换刀结束。

2）圆盘式刀库

圆盘式刀库简述：圆盘式刀库应该称之为固定地址换刀刀库，即每个刀位上都有编号，即刀号地址一般从 1 编到 12、18、20、24 等。操作者把一把刀具安装进某一刀位后，不管该刀具更换多少次，总是在该刀位内。圆盘式刀库制造成本低，通常应用在小型立式综合加工机上。圆盘式刀库的总刀具数量受限制，不宜过多，一般 40♯刀柄的不超过 24 把，50♯的不超过 20 把。圆盘式刀库如图 3-1-49 所示。

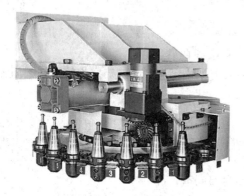

图 3-1-48 斗笠式刀库

图 3-1-49 圆盘式刀库

圆盘式刀库换刀过程：首先系统会根据就近原则选刀，刀盘旋转到目标刀号，刀套垂直电磁阀吸合；系统检测到刀套向下到位信号满足时，Z 轴将抬起到换刀点（即第二参考点），机械手旋转到扣刀位置；系统检测到刹车到位信号和扣刀到位信号后，主轴执行松刀动作，此时刀具会被安全夹在机械手臂上，并吹气，目的是吹掉刀具上的水和灰尘，防止刀具装进主轴后，损坏主轴；系统检测到刀具松开到位信号后，机械手旋转 180 度，将主轴上和刀套上的刀具进行互换，主轴卡紧刀具；系统检测到刀具卡紧到位信号时，机械手旋转到 0 度，刀套向上电磁阀吸合，刀套向上水平，主轴上的刀具现在已经被放到了刀库里，从刀库里取出的刀具也被卡在主轴上；系统检测到刀套向上退到位信号和刀具已经卡紧的信号，就会自动将用户所编辑程序的大部分模态指令恢复，完成整个还刀取刀动作。

3）链条式刀库

链条式刀库简述：链条式刀库在立式加工中心中并不常见，一般用于大型的卧式加工中心。链条式刀库可以储存数量较多的刀具，一般都在 20 把以上，有些可以储存到 120 把以上。它是由链条将要换的刀具传到指定的位置，再由机械手将刀具装到主轴上。链条式刀库如

图 3-1-50 链条式刀库

图 3-1-50 所示。

链条式刀库动作过程：系统发出换刀指令，刀库打开气门，选择合适的刀号，定位选刀，改变刀号；刀库旋转到换刀位置，刀套下来，机械手旋转将要交换的两把刀，主轴松刀吹气，机械手旋转180度交换两把刀，主轴停止抓刀和吹气；机械手回到初始位置，关闭气门，换刀结束。

2. 加工中心刀库常见故障

加工中心刀库常见故障及原因如表 3-1-6 所示。

表 3-1-6　刀库常见故障及原因表

类别	故障现象	故障原因
cnc 加工中心刀库常见故障	刀库不能转动或转动不到位	刀库不能转动的原因：连接电动机轴与蜗杆轴的联轴器松动；变频器故障，应检查变频器的输入、输出电压是否正常；PLC无控制输出，可能是接口板中的继电器失效；机械连接过紧；电网电压过低 刀库转不到位的原因：电动机转动故障；传动机构误差
	刀套不能夹紧刀具	可能是刀套上的调整螺钉松动，或弹簧太松，造成卡紧力不足；刀具超重
	刀套上下不到位	装置调整不当或加工误差过大而造成拨叉位置不正确；限位开关安装不正确或调整不当而造成反馈信号错误
	刀套不能拆卸或停留一段时间才能拆卸	应检查操纵刀套上下的气缸、气阀是否松动，气压足不足，刀套的转动轴锈蚀等。
cnc 加工中心换刀机械手故障	刀具夹不紧，掉刀	卡紧爪弹簧压力过小；弹簧后面的螺母松动；刀具超重；机械手卡紧锁不起作用等
	刀具夹紧后松不开	松锁的弹簧压合过紧，卡爪缩不回，应调松螺母，使最大载荷不超过额定数值
	刀具交换时掉刀	换刀时主轴箱没有回到换刀点或换刀点漂移，或机械手抓刀时没有到位就开始拔刀，都会导致换刀时掉刀，应重新移动主轴箱，使其回到换刀点位置，并重新设定换刀点
	机械手换刀速度过快或过慢	因气压太高或太低和换刀气阀节流开口太大或太小，应调整气压大小和节流阀开口的大小
	刀具从机械手中脱落	应检查刀具是否超重；机床配件机械手锁紧卡是否损坏或没有弹出来 机床配件刀具交换时主轴箱没有回到换刀点或换刀点漂移，机械手抓刀时没有到位就开始拔刀，都会导致换刀时掉刀，应重新操作主轴箱运动，使其回到换刀点位置，重新设定换刀点

3. 刀库及换刀机械手维护要点

（1）严禁把超重、超长的刀具装入刀库，防止在机械手换刀时掉刀或刀具与工件、夹具等发生碰撞。

（2）顺序选刀方式必须注意刀具放置在刀库中的顺序要正确，其他选刀方式也要注意所换刀具是否与所需刀具一致，防止换错刀具导致事故发生。

（3）用手动方式往刀库上装刀时，要确保装到位、装牢靠，检查刀座上的锁紧是否可靠。

（4）经常检查刀库的回零位置是否正确，检查机床主轴回换刀点位置是否到位，并及时调整，否则不能完成换刀动作。

（5）要注意保持刀具刀柄和刀套的清洁。

（6）开机时，应先使刀库和机械手空运行，检查各部分工作是否正常，特别要检查各行程开关和电磁阀能否正常动作；检查机械手液压系统的压力是否正常，刀具在机械手上锁紧是否可靠，若发现不正常应及时处理。

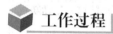 **工作过程**

一、实施目标

（1）掌握 CKA6140 数控车床常见换刀装置的故障维护。

（2）掌握 CKA6140 数控车床换刀装置的保养方法。

二、实施准备

（1）换刀装置试验台若干。

（2）工具若干。

三、实施内容

（1）CKA6140 数控车床换刀装置的保养。

（2）CKA6140 数控车床换刀装置常见故障的判断。

四、实施步骤

1. CKA6140 数控车床换刀装置的保养

（1）刀架旋转部位不能缠绕铁屑。

（2）定期打开刀架上盖，清理内部积水和杂物。

（3）工作时保持上盖安装到位，密封良好。

（4）对刀架进行防锈保养。

2. 常见故障诊断

（1）请学生判断电机启动不了或上刀体不转动的故障原因，并记录原因。

（2）请学生判断上刀体连转不停或刀台在某刀位不停的故障原因，并记录原因。

（3）请学生判断刀架锁不紧的故障原因，并记录原因。

（4）请学生判断刀台换刀位时不到位或过冲太大的故障原因，并记录原因。

 任务评价

完成上述任务后，认真填写表 3-1-7 所示的"换刀装置日常维护与常见故障处理评价表"。

表 3-1-7 换刀装置日常维护与常见故障处理评价表

组别			小组负责人	
成员姓名			班级	
课题名称			实施时间	
评价指标	配分	自评	互评	教师评
刀架维护正确	10			
正确判断电机启动不了或上刀体不转动的原因	15			
正确判断上刀体连转不停或刀台在某刀位不停的原因	10			
刀架不锁紧的故障判断正确	10			
刀台换刀位时不到位或过冲太大的故障判断正确	10			
对项目课题有探究兴趣，认真对待，积极参与	10			
能积极主动查阅相关资料，收集信息，获取相关学习内容	10			
善于观察、思考，能提出创新观点和独特见解，能大胆创新	10			
组员分工协作，团结合作，解决疑难问题	5			
课堂学习纪律情况	10			
总　　计	100			
教师总评（成绩、不足及注意事项）				
综合评定等级（个人 30%，小组 30%，教师 40%）				

任务练习

1. 数控机床换刀装置是提升数控机床加工效率的重要装置，其根据不同运用场合有不同的分类，那么其如何进行分类呢？

2. 数控机床换刀装置中装有许多刀具，为了正确识别相应的刀具，数控机床怎么对刀库进行选择，有什么编码方法？

3. 数控机床经济型刀架结构简单，使用可靠，但在长期使用之后总会出现一些故障，其中，刀架锁不紧的故障怎么排除？

 **任务小结**

本任务的要点如下：
(1) 数控车床刀架系统分类。
(2) 数控车床刀架系统维护项目和注意事项。
(3) 数控车床刀架系统常见故障排除。
(4) 加工中心刀库分类。
(5) 加工中心刀库常见故障排除。
(6) 加工中心刀库维护项目和注意事项。

任务拓展

阅读材料(一)——快速自动换刀技术简介

快速自动换刀技术是以减少辅助加工时间为主要目的，综合考虑机床的各方面因素，在尽可能短的时间内完成刀具交换的技术方法。该技术包括刀库的设置、换刀方式、换刀执行机构和适应高速机床的结构特点等。

高速加工中心是高速机床的典型产品，高速功能部件如电主轴、高速丝杠和直线电动机的发展应用极大地提高了切削效率。为了配合机床的高效率，作为加工中心重要部件之一的自动换刀装置(Automatic Tool Changer，ATC)的高速化也相应成为高速加工中心的重要技术内容。

随着切削速度的提高，切削时间的不断缩短，对换刀时间的要求也在逐步提高，换刀的速度已成为高水平加工中心的一项重要指标。

由于加工中心的自动换刀要求可靠准确，而且结构相对比较复杂，所以提高换刀速度技术难度大。目前国外机床先进企业生产的高速加工中心为了适应高速加工，大都配备了快速自动换刀装置，很多采用了新技术、新方法。

下面对自动换刀技术的主要指标进行分析。

1. 换刀速度指标

衡量换刀速度的方法主要有三种：刀到刀的换刀时间；切削到切削的换刀时间；切屑到切屑的换刀时间。由于切屑到切屑换刀时间基本上就是加工中心两次切削之间的时间，反映了加工中心换刀所占用的辅助时间，所以切屑到切屑换刀时间应是衡量加工中心效率高低的最直接指标。而刀到刀换刀时间则主要反映自动换刀装置本身性能的好坏，更适合作为机床自动换刀装置的性能指标。这两种方法通常用来评价换刀速度。至于换刀时间为多少才是高速机床的快速自动换刀装置并没有确定的指标，在技术条件可能的情况下，应尽可能提高换刀速度。

2. 提高换刀速度的基本原则

加工中心自动刀具交换的基本出发点是在多种刀具参与的加工过程中，通过自动换刀，减少辅助加工时间。在高速加工中心上，由于切削速度的大幅度提高，自动换刀装置和刀库的配置要考虑尽可能缩短换刀时间，从而和高速切削的机床相配合。

加工中心的换刀装置通常由刀库和刀具交换机构组成，常用的有机械手式和无机械手式等方式。刀库的形式和摆放位置也不一样。为了适合高速运动的需要，高速加工中心在结构上已和传统的加工中心不同，以刀具运动进给为主，减小运动件的质量已成为高速加工中心设计的主流。因此，设计换刀装置时，要充分考虑到高速机床的新结构特征。

在设置高速加工中心上的换刀装置时，时间并不是唯一的考虑因素。首先，应在换刀动作准确、可靠的基础上提高换刀速度。特别是 ATC 是加工中心功能部件中故障率相对比较高的部分，这一点尤其重要；其次，要根据应用对象和性能价格比选配 ATC。在换刀时间对生产过程影响大的应用场合，要尽可能提高换刀速度。例如，在汽车生产线上，换刀时间和换刀次数要计入零件的生产节拍。而在另外一些地方，如模具型腔加工，换刀速度的选择就可以放宽一些。

阅读材料(二)——数控机床对快速换刀的要求

快速自动换刀技术主要适合于高速加工中心的快速自动换刀。

高速加工中心的自动换刀技术主要是在传统自动换刀装置的基础上提高动作速度，或采用动作速度更快的机构和驱动元件。

(1) 机械凸轮结构的换刀速度要大大高于液压和气动结构。例如，日本 SODIC 公司生产的 MC450 立式加工中心的机械凸轮结构的快速换刀装置，刀到刀换刀时间只有 0.6 s。

(2) 根据高速机床新的结构特点设计刀库和换刀装置的形式和位置。例如，传统立式加工中心的刀库和换刀装置多装在立柱一侧，而高速加工中心则多为立柱移动的进给方式，为减轻运动件质量，刀库和换刀装置不宜再装在立柱上。

(3) 采用新方法进行刀具快速交换。不用刀库和机械手方式，而改用其他方式换刀，例如不用换刀，用换主轴的方法。

(4) 利用新开发的加工中心的主轴部件可作 6 自由度高速运动这一特点，让主轴直接参与换刀过程，不仅可使刀库配置位置灵活，而且可减少刀库运动的自由度，显著简化刀库和换刀装置的结构。

(5) 采用适合于高速加工中心的刀柄。HSK(Hohl Shaft Kegel, HSK)刀柄质量轻，拔插刀行程短，可以使自动换刀装置的速度提高。快速自动换刀装置采用 HSK 空心短锥柄刀是发展的趋势。

除了在传统换刀装置的基础上提高动作速度外，还出现了一些新方法和新结构的换刀装置。

1. 多主轴换刀

这种机床没有传统的刀库和换刀装置，而是采用多个主轴并排固定在主轴架上，一般为 3~18 个。每个主轴由各自的电动机直接驱动，并且每个主轴上安装了不同的刀具。换刀时，不是主轴上的刀具交换，而是安装在夹具上的工件快速从一个主轴的加工位置移动到另一个装有不同刀具的主轴，实现换刀并立即加工。这个移动时间就是换刀时间，而且非常短。由夹具快速移动完成换刀，省去了复杂的换刀机构。奥地利 ANGERG 公司生产的这种结构的机床，实现了切屑到切屑换刀时间仅为 0.4 s，是目前世界上切屑到切屑换刀时间最短的机床。这种结构的机床和通常的加工中心结构已大不相同，不仅可以用于需要快速换刀的加工，而且可以多轴同时加工，适合在高效率生产线上使用。

2. 双主轴换刀

这种加工中心有两个工作主轴，但不是同时用于切削加工，一个主轴用于加工，另一个主轴在此期间更换刀具。当需要换刀时，加工的主轴迅速退出，换好刀具的主轴立即进入加工。由于两个过程可以同时进行，换刀时间实际就是已经装好刀具的两个主轴的换位时间，使辅助时间减到最少，即机床切屑到切屑换刀时间达到最短。由于有两个主轴，这种机床的刀库和换刀机械手可以是一套，也可以是两套。如德国 Alfing‐Kessler 公司生产的加工中心采用双主轴系统，使用一套刀库和换刀机械手。而德国 Hornsberg‐Lamb 公司生产的 HSC‐500、HSC‐630、HFC‐630 加工中心有两个主轴和两套换刀系统。两个主轴可以用 1.0～1.5 s 的时间移动到加工位置并启动加速到加工的最大速度，具体的交换时间取决于机床的尺寸。

3. 刀库布置在主轴周围的转塔方式换刀

这种方式，刀库本身就相当于机械手，即通过刀库拔插刀并采用顺序换刀，使机床切屑到切屑换刀时间较短。这种方式如果要实现任意换刀，则就随所选刀在刀库的位置不同而存在时间长短不等，最远的刀可能切屑到切屑换刀时间较长。因此，这种方式作为高速自动换刀装置只能采用顺序选刀的方式。

4. 多机械手方式换刀

同样，这种机床的刀库布置在主轴的周围，但采用每把刀有一个机械手的方式，使换刀几乎没有时间的损失，并可以采用任意选刀的方式。德国 CHIRON 公司生产的这种结构的机床，实现了切屑到切屑换刀时间仅为 1.5 s，是目前世界上单主轴机床切屑到切屑换刀时间最短的加工中心。

国内外一些技术先进的机床制造公司开发出了多种采用不同技术的具有快速换刀装置的高速加工中心，它们的一个很重要的特点是换刀技术的多样化，其目的都是努力缩短刀具交换时间。

金属切削机床的高速化已成为机床发展的重要方向之一，所以快速换刀技术已经成为高速加工中心技术的重要组成部分。新技术和新方法在不断出现和改进，其目的只有一个，即在准确可靠的基础上缩短换刀时间，全面提高高速加工中心的切削效率。我国的高速机床制造业应该及时学习和尽快掌握先进的技术方法，不断提高国产高速加工中心的制造水平。

项目二 激光切割机的维护与保养

模块三 项目二

 学习目标

- 认识激光切割机系统的组成及工作原理;
- 掌握激光切割机的日常维护与保养基础技术;
- 养成规范操作、认真细致、严谨求实的工作态度。

任务描述

通过本任务的学习,了解激光切割机的工作原理,掌握激光切割机的日常维护与保养,并实践激光切割机的维护与保养。

激光切割是一种以激光为能源的无接触式加工方法,是光、机、电一体化高度集成的设备。激光切割机主要用于将板材切割成所需形状工件的激光加工机床,是利用激光束的热能实现切割的设备。激光切割机科技含量高,与传统机床加工相比,激光切割机的加工精度高、柔性化好,有利于提高材料的利用率,降低产品生产成本,减轻工人负担,对制造业来说,可以说是一场工业技术革命。如图 3-2-1 所示为常见激光切割机及其产品。

图 3-2-1 常见激光切割机及其产品

激光切割的适用对象主要是难切割材料,如高强度、高韧性、高硬度、高脆性、磁性材料,以及精密细小和形状复杂的零件等。目前,激光切割技术、激光切割机床正在各行各业得到广泛的应用,但其在使用、维护和保养方面存在很多问题,需要严格的规范标准。

 知识链接

激光是一种光,与自然界其他电发光一样,是由原子(分子或离子等)跃迁产生的,而且是自发辐射引起的。激光虽然是光,但它与普通光明显不同,激光仅在最初极短的时间内依赖于自发辐射，此后的过程完全由受激辐射决定。因此，激光具有非常纯正的颜色和几乎无发散的方向性，具有极高的发光强度。同时，激光又具有高相干性、高强度性、高方向性。激光通过激光器产生后，由反射镜传递并通过聚集镜照射到被加工物品上，使被加工物品(表面)受到强大的热能而温度急剧增加，使该点因高温而迅速的融化或者汽化，配合激光头的运行轨迹，从而达到加工的目的。激光加工技术在广告行业的应用主要分为激光切割、激光雕刻两种工作方式，对于每一种工作方式，在操作流程中都有一些不尽相同的地方。

一、激光切割机的组成

激光切割机主要由机床主机部分、激光发生器、外光路、数控系统和冷水机组等部分组成。

1. 机床主机部分

激光切割机机床主机部分主要用于实现 X、Y、Z 轴的运动。工件安放在切割工作平台上，并能按照加工程序正确而精准的进行移动，通常由伺服电机驱动。

2. 激光发生器

激光发生器是激光加工的重要设备，它主要将电能转换为光能，产生所需要的激光束。由于激光切割机对于光束的要求比较高，所以不是所有的激光发生器都是可用于切割的。

3. 外光路

外光路折射反射镜主要用于将激光导向所需要的方向。为使光束通路不发生故障，所有反射镜都用保护罩加以保护，并通入洁净的正压保护气体，以保护镜片不受污染。

4. 数控系统

数控系统可控制机床实现 X、Y、Z 轴的运动，同时也控制激光器的输出功率。

5. 稳压电源

稳压电源主要连接激光器，装在数控机床与电力供应系统之间，起防止外电网干扰的作用。

6. 切割头

切割头主要包括腔体、聚焦透镜座、聚焦镜、电容式传感器和辅助气体喷嘴等零件。切割头驱动装置主要按照程序驱动切割头，沿 Z 轴方向运动，由伺服电机和丝杆或齿轮等传动件组成。

7. 操作台

操作台主要用于控制整个切割装置的工作过程。

8. 冷水机组

冷水机组用于冷却激光发生器。激光器是利用电能转换成光能的装置，如 CO_2 气体激光器的能量转换效率一般为 $20\% \sim 25\%$，剩余的能量会转换成热量，冷却水把多余的热量带走以保证激光发生器的正常工作。冷水机组还能对机床外光路反射镜和聚焦镜进行冷却，以保证稳定的光束传输质量，并能有效防止镜片温度过高而导致变形或炸裂。

9．气瓶

气瓶包括激光切割机工作介质气瓶和辅助气瓶，用于补充激光震荡的工业气体和供给切割头用辅助气体。

10．空压机、储气罐

空压机、储气罐主要提供和存储压缩空气。

11．空气冷却干燥机、过滤器

空气冷却干燥机、过滤器用于向激光发生器和光束通路供给洁净的干燥空气，以保持通路和反射镜的正常工作。

12．抽风除尘机

抽风除尘机用于抽出加工时产生的烟尘和粉尘，并进行过滤处理，使废气排放符合环境保护标准。

13．排渣机

排渣机可以排除加工时产生的边角余料和废料等。

二、激光切割原理

激光切割就是用激光束照射到工件表面时释放的能量使工件融化并汽化，以达到切割和雕刻的目的，具有精度高、切割速度快、不局限于切割图案限制、自动排版节省材料、切口平滑、加工成本低等特点。利用激光可以非常准确地切割复杂形状的坯料，所切割的坯料不必再作进一步的处理。激光切割将逐渐改进或取代于传统的切割工艺设备。

激光切割原理可以理解为边缘的分离。对这样的加工目的，我们应该先在 CORELDRAW、AUTOCAD 里将图形做成矢量线条的形式，然后存为相应的 PLT、DXF 格式，用激光切割机操作软件打开该文件，根据我们所加工的材料进行能量和速度等参数的设置，然后运行即可。激光切割机在接到计算机的指令后，会根据软件产生的加工路线进行自动切割。目前，激光切割机可以将电脑绘制好的模板直接输入到数控系统中，自动切割图形。激光切割机一般都有自己的硬盘，可输入海量数据源。如图 3-2-2 所示为激光切割机加工。

激光源一般用二氧化碳激光束，工作功率为 500～5000 瓦，该功率比许多家用电暖气所需要的功率还低。通过透镜和反射镜，激光束聚集在很小的区域，能量的高度集中能够进行迅速局部加热，使金属板材溶化。如图 3-2-3 所示为激光切割机加工。

图 3-2-2 激光切割机加工

图 3-2-3 激光切割机加工

利用激光切割设备可切割 16 mm 以下的不锈钢,在激光束中加氧气可切割 8~10 mm 厚的不锈钢。加氧切割后会在切割面形成薄薄的氧化膜,切割的最大厚度可增加到 16 mm,但切割部件的尺寸误差比较大。

作为高科技的激光技术,自问世以来,一直根据社会需求研发出适合各行业的激光产品,如激光打印机、激光美容机、激光打标机、数控激光切割机等产品。由于国内激光产业起步较晚,在技术研发上落后于一些发达国家。目前,国内的激光产品生产厂家生产出来的激光产品,一些关键的零配件如激光管、驱动马达、振镜、聚焦镜等还是采用进口的,这就造成了成本的上升,也加重了消费者的负担。如图 3-2-4 所示为激光切割机加工的产品。

图 3-2-4 激光切割机加工的产品

近年来,随着国内激光技术的进步,在整机及一些零配件的研发生产上已逐渐向国外先进水平靠拢,在某些方面甚至优于国外产品,再加上价格的优势,在国内市场占据了主导地位。但是在一些精密加工及设备稳定性和耐性方面,国外先进产品还是占据绝对的优势。

三、激光切割机的优点

1. 效率高

因激光的传输特性,激光切割机上一般配有多台数控工作台,整个切割过程可以全部实现数字控制。操作时,只需改变数控加工程序,就可适用于不同形状零件的切割,既可进行二维切割,也可进行三维切割。

2. 速度快

功率为 1200 W 的激光切割 2 mm 厚的低碳钢板,切割速度可达 600 cm/min;切割 5 mm 厚的聚丙烯树脂板,切割速度可达 1200 cm/min。另外,材料被激光切割时不需要装夹固定。

3. 切割质量好

(1) 激光切割切口细窄,切缝两边平行并且与表面垂直,切割零件的尺寸精度可达 ±0.05 mm。

(2) 切割表面光洁美观,表面粗糙度只有几十微米,激光切割甚至可以作为最后一道工序，无需机械加工，零部件便可直接使用。

（3）材料经过激光切割后，热影响区宽度很小，切缝附近材料的性能也几乎不受影响，并且工件变形小。激光切割精度高，切缝的几何形状好，切缝横截面形状呈现较为规则的长方形。

（4）非接触式切割。激光切割时"刀具"与工件没有直接接触，不存在"刀具"的磨损。加工不同形状的零件，无需要更换"刀具"，只需改变激光器的输出参数。激光切割过程噪声低，振动小，污染小。

（5）可切割材料多。与氧乙炔切割和等离子切割比较，激光切割材料的种类多，包括金属、非金属、金属基和非金属基复合材料、皮革、木材及纤维等。

四、激光切割机的切割方式

1. 汽化切割

汽化切割是指被加工材料的去除主要通过汽化的方式进行。在汽化切割过程中，工件表面在聚焦激光束的作用下，温度迅速上升到汽化温度，材料大量汽化，形成的高压蒸汽以超音速向外喷射。同时，在激光作用区内形成"孔洞"，激光束在孔洞内多次反射后，使材料对激光的吸收率迅速提高。如图 3-2-5 所示为汽化切割。

图 3-2-5 汽化切割

在高压蒸汽高速喷射的过程中，切缝内的熔融物从切缝处吹走，直至将工件切断。汽化切割主要以使材料汽化的方式进行，因而所需的功率密度很高，一般应达到每平方厘米就有 10 的八次方瓦以上。

汽化切割主要用于低燃点材料（如木材、碳和某些塑料）以及难熔性材料（如陶瓷等）的切割，用脉冲激光器切割材料时也多采用汽化切割的方法。

2. 熔化切割

在激光切割过程中，如果增加一个与激光束同轴的辅助吹气系统，使切割过程中熔融物的去除不是单靠材料汽化本身，而主要是依靠高速辅助气流的吹动作用，将熔融物连续不断地从切缝中吹走，这样的切割过程称为熔化切割。

激光光束配上高纯惰性切割气体促使熔化的材料离开割缝，而气体本身不参与切割。激光熔化切割可以得到比汽化切割更高的切割速度，最大切割速度随着激光功率的增加而增加，随着板材厚度的增加和材料熔化温度的增加而几乎反比例地减小。在激光熔化切割中，激光光束只被部分吸收。在激光功率一定的情况下，限制因数就是割缝处的气压和材料的热传导率。对于铁制材料和钛金属材料，激光熔化切割可以得到无氧化切口。

汽化所需的能量通常高于把材料熔化所需要的能量。在熔化切割过程中，工件温度不再需要被加热到汽化温度以上，因而所需的激光功率密度可大大降低。由材料熔化与汽化的潜热比可知，熔化切割所需激光功率仅为汽化切割的1/10。

3. 反应熔化切割

在熔化切割中，辅助气流不仅能把切缝内的熔融物吹走，而且还能够与工件发生改热反应，使切割过程增加另一热源，这样的切割称为反应熔化切割。通常能与工件发生反应的气体是氧气或含有氧气的混合气体。

当工件表面温度达到燃点温度时，就会发生强烈的燃烧放热反应，可大大提高激光切割的能力。对于低碳钢和不锈钢，燃烧放热反应提供的能量是60%。对于钛等活性金属，燃烧提供的能量大约是90%。

因此，反应熔化切割与激光汽化切割、熔化切割相比，所需的激光功率密度更低，仅为汽化切割的1/20，熔化切割的1/2。然而在反应熔化切割中，由于燃烧反应会使材料表面发生一些化学变化，所以对工件的性能会有一定影响。

4. 激光划片

这种加工方法主要用于半导体材料，利用功率密度很高的激光束在半导体材料工件表面划出一个个浅的沟槽，由于这种沟槽削弱了半导体材料的结合力，可通过机械或振动的方法使其断裂。激光划片的质量用表面碎片和热影响区的大小来衡量。如图3-2-6所示为激光划片。

图3-2-6 激光划片

5. 冷切割

冷切割是一种新型加工方法，随着近几年紫外波段的高功率准分子激光器的出现而被提出来。冷切割的基本原理是：紫外光子的能量同许多有机材料的结合能相近，用这样的高能光子去撞击有机材料的结合能，并使其破裂，从而达到切割的目的。这种新技术具有广阔的应用前景，特别是在电子行业中应用广泛。

6. 热应力切割

脆性材料在激光束的加热下，其表面易产生较大的应力，从而能够整齐、迅速地通过激光加热的应力引起断裂，这样的切割过程称为激光热应力切割。热应力切割的原理为：

激光束加热脆性材料的某一区域，使其产生明显的温度梯度；工件表面温度较高要发生膨胀，而工件内层温度较低要阻碍膨胀，结果在工件表面产生拉应力，内层产生径向的挤压应力；当这两种应力超过工件本身的断裂极限强度时，便会在工件上出现裂纹，使得工件沿裂纹断开。热应力切割的速度一般为 m/s 的量级，这种切割方法适用于切割玻璃、陶瓷等材料。

五、激光切割机的维护保养

1. 激光切割机维护要求

1）日维护要求

（1）激光器和激光切割机要保持外观整洁，经常清扫。

（2）检查机床 X、Y、Z 轴能否正常回原点，如有问题，检查原点开关挡块位置是否偏移。

（3）清扫激光切割机排屑拖链。

（4）清理排料小车废料垃圾。

（5）及时清理抽风口过滤网上的杂物，保证通风管畅通。

（6）激光切割割嘴每工作 30 分钟左右要清洁一次，将上面喷沾的金属渣去掉。

（7）切割割嘴定时检查更换。

（8）定期调节切割头电容传感器。

① 将切割头移至割嘴距金属板面 10 mm 的位置。

② 将电容传感器位置调节电位器调至 10 左右。

③ 按一下操作面板上的"伺服复位"键。

④ 再将电容传感器位置调节至原位。

⑤ 将切割头移至原位。

（9）清洁聚焦镜片，并检查其是否受损。

（10）检查冷却水温度，激光器入水口 19℃≤温度≤22℃，温度变化在 21℃左右；进水口压力在 4～5 bar 之间。

（11）用气枪清洁水冷机和冷冻干燥机换热片上的灰尘，要求吹净灰尘以保证散热效率。

（12）检查无油空压机各连接部位有无松动，储气罐内空气压力在 0.05 Mpa～0.1 Mpa 时，打开储气罐下部的排污阀，放掉罐内污物。压力表指针移动平稳，当压力表指针为零时，其指针也应指到"0"。校准压力开关，但排气压力达到额定工作压力时压力开关应能自动切断磁力启动器的控制回路，使空压机停止工作。当排气压力接近 1.1 倍额定工作压力时，轻轻拉起安全阀顶杆，安全阀应产生排放动作。每个班至少巡视两次，检查空压机运行中是否有异常声音或振动。关空压机时，要注意用启停不能用急停，以防空压机反转回油，同时也要把气阀关上。

（13）检查冷冻干燥机，按下开关按钮指示灯是否亮，自动排水器是否定期排水；在停止及没有压缩空气的状态下，检查蒸发温度表的指针是否比环境温度低，约低于环境温度 5℃～15℃为正常；在运转及压缩空气流动的状态下，检查蒸发温度表的指针是否在绿色区域内。

（14）经常巡视稳压器工作状态。观察补偿变压器，调压变压器的温升是否正常，有无过热、线圈变色等现象；碳刷接触是否良好；监视输入、输出电压是否正常；是否有过载现象等。一旦发现异常应立即处理，无法处理可及时与制造厂家联系给予解决，以免损坏设备。

（15）监控检查激光器机械光闸的开关是否正常。

（16）开关机顺序要正确。

① 开机：开气、水冷机组、冷干机、空压机、主机、激光器(注：开启激光器后，先启动低压，后启动激光器，俗称上高压)在条件允许的情况下要烤机10分钟。

② 关机：先下高压，再低压，在涡轮机没有响声停止转动后，再关激光器；其次是水冷机组、空压机、气体、冷干机、主机可留后面，最后再关稳压柜。

（17）以激光器为主，其他为辅，每次关机时要注意回流，在启动低压时，压力大于80 pa时方可启动激光器，即上高压。激光器被固定后周围不可有振动源。

（18）用气时要注意周围环境以及个人安全。

2）每三天一次的维护保养

（1）激光器气体更换。

（2）检查激光切割机气阀箱内空气过滤器是否需要放水。

3）周维护保养

（1）检查激光器水路是否畅通。

（2）检查激光器气体容量。

（3）检查激光器真空泵的油位高度。

（4）检查激光器内循环水的液位高度。

（5）检查激光器内和激光切割光路、水路是否有渗漏和污染。

（6）激光切割机导轨丝杠维护。

激光切割机导轨丝杠上的润滑油，各润滑部位添加油量及周期，如表3-2-1所示。

表 3-2-1　激光切割机导轨丝杠维护

项次	项目名称	油量	周期	备注
1	X 轴导轨	1 CC	一周	润滑油
2	Y 轴导轨	1 CC	一周	润滑油
3	Z 轴导轨	0.5 CC	一周	润滑油
4	X 轴丝杠	0.5 CC	一周	润滑油
5	Y 轴丝杠	0.3 CC	一周	润滑油
6	Z 轴丝杠	0.3 CC	一周	润滑油

4）月维护保养

（1）清洁反射镜片，并验证光路是否偏移，进行必要的调整。

（2）检查行程开关支架及挡块支架，防止螺钉松动。

（3）床身前、后罩板上不应有异物，以免与工作台刮碰。

（4）床身导轨护板内不能有杂物，以免损坏导轨座。

（5）无油空压机清理消声滤清器，若工作环境粉尘较大，应每周清理一次。皮带拉长或磨损，可移动电动机，调整V带松紧或更换V带。

（6）冷冻干燥机清洗自动排水器，关闭球阀，打开泄气阀，使自动排水器内的压力为零，轻轻地握住杯子外壳向左（或向右）回转45度，大拇指从锁紧键开，把杯子外壳垂直拉下来，将其分离开来。使用能溶于水的中性洗涤剂，将排水杯子作适量的摇动，并好好清洗，绝对不可以使用带腐蚀性的洗涤剂。清洗后照原样安装，并关闭泄气阀打开球阀。每月一次用吸尘机、刷子或气枪清扫通风口（吸气口）的尘埃和垃圾，用中性清洗剂清洗过滤网一次。冷干机配有4个过滤器，其中2个有滤水作用，2个有滤油作用，定时对其进行检查并放水。

5）三个月的维护保养

（1）建议每三个月对稳压器做一次维护与保养，注意维护保养工作前应断开电源，内容主要有：

① 清除稳压器各部分的灰尘和污垢。

② 检查电器触头有无损坏现象，如有则应及时更换或修复。

③ 检查柱式调压变压器是否运作灵活，碳刷是否完好，及时更换已损坏或磨损量大的碳刷，线圈接触面上如有灼伤或碳刷粉末，应用0号细沙皮及时打磨平光并清除粉尘。

④ 检查链条传动系统工作是否正常，给链轮加油，调整链条的松紧程度（按链条中部稍微有点活动余地即可），检查碳刷架是否有倾斜、卡死现象，如果发现应进行调整。

（2）清洁激光器真空泵气体入口过滤器，可根据激光器说明书进行维护。

（3）更换激光器真空泵油。

6）半年维护保养

（1）激光器使用2000小时或6个月后，应清洁或更换真空泵气体入口过滤器，更换真空泵油，清洁或更换真空泵除雾过滤器，可根据激光器说明书进行维护。

（2）更换水冷机中的冷却水。（水压需达到85.4 pa≤水压≤90 pa，也就是水箱中的水不能低于2/3）

7）年维护保养

（1）激光器使用6000 h或12个月后，检修涡轮机轴承，确认是否需要更换，一般由厂方客服人员完成。

（2）检修激光切割机是否正常工作，一般由厂方客服人员完成。

（3）检查无油空压机活塞环和导向环的磨损情况，活塞环的磨损极限为5.5 mm，导向环的磨损极限为1.8 mm。检查连杆大小头轴承及曲轴箱轴承是否正常，空压机运行2500 h～3000 h时，应给滚针轴承添加耐高温润滑脂。

（4）检查冷冻干燥机电路接点是否完好无松动，检查后部冷却器冷凝器，用中性洗涤剂清洗。

（5）检修水冷机及稳压电源。

关于激光器、数控系统和水冷机的日常维护，请参阅相应的使用手册。

2. 光路系统的维护和保养

（1）二氧化碳激光管要及时补充气体或更换激光管，尤其当激光管工作时间超过 1000 h 后，请随时注意激光管的输出功率，在相同电流的条件下若功率变小则需更换激光管。

（2）反射镜用久之后会被加工所产生的烟尘污染，降低反射率，影响激光的输出，必须保持清洁，定期检查。可采用无水乙醇或专用镜片清洁液，用脱脂棉小心擦净。另外，注意尽量避免用利物划伤反射镜表面。

（3）聚焦镜内的聚焦镜片下表面也可能会被工件挥发物污染，同样也会大大影响激光的输出。加工时一定要注意排烟和吹气保护，尽量避免聚焦镜被污染，若污染严重，需按步骤小心清洁。

① 卸下吹气开关和压圈及保护套筒，小心取下聚焦镜。

② 用吹气球吹去透镜表面的浮尘。

③ 用镊子小心夹住脱脂棉球蘸取无水乙醇或专用镜片清洁剂轻轻擦拭，要从内到外朝一个方向轻轻擦拭，每擦一次需更换脱脂棉球，直到污物去掉后为止。如图 3 - 2 - 7 所示为擦拭聚焦镜片的方法。

从内到外旋转擦拭

图 3 - 2 - 7　擦拭聚焦镜片的方法

注意：不允许来回擦，更不可被利物划伤，因为透镜表面镀有增透膜，膜层损伤将会极大的影响激光能量输出。

3. 运动机构的维护和保养

（1）请时刻保持设备清洁。

（2）二维运动工作台的直线导轨要定期添加润滑油，根据机器的使用情况而定。

（3）设备机壳、激光电源、计算机电源必须良好接地，应定期检查接地螺栓有无锈蚀或松脱，若有则及时清洁并紧固。

（4）运动部分如小车滑轮及滑道、直线导轨，如果被污染或锈蚀，将直接影响加工效果，应定期清洁，并在导轨处涂上润滑油，以防锈蚀。

（5）注意排风口和排风管道不可堵塞，随时检查并去除遮挡物，以保持畅通。

（6）冷却水要注意保持清洁并定期更换。加工时应随时检查水位是否足够，水温是否过高。

4. 光路调整及激光管的更换

1）光路调整

激光切割机在使用中有可能会发生光路偏移，导致无光或光路不正的现象，这将直接影响加工效率和加工效果，应引起足够重视。以 CO_2 激光雕刻切割一体实训系统光路系统（如图 3-2-8 所示）为例，参照如下方法调整光路。

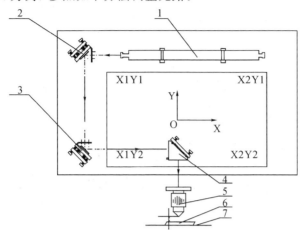

1— 激光管; 2—第一反射镜; 3—第二反射镜; 4—第三反射镜
5—聚焦镜筒; 6—加工工件; 7—工件承载平台

图 3-2-8 CO_2 激光雕刻切割一体实训系统光路系统

注意：光路系统的调整应从发射端开始，以下步骤如果操作不当，有可能会使发射出的激光对设备或操作人员造成一定的损伤，应特别注意！

（1）利用面板上测试按键（点击）将激光输出电流调至合适值（一般以出光功率不太大为宜，如 4～8 mA），注意此时可能会有较强激光发射，在激光管输出窗口前放置一块用于调光的透明有机板，保持恰当距离，以免激光作用于材料上产生的烟尘污染输出镜，调整完毕后撤掉有机板。如图 3-2-9 所示为调整激光输出电流。

（2）将一小块有机板夹在第一反射镜表面，微调激光管调整架，同时配合使用测试按键（点击），使发射出的激光能完全处于第一反射镜上，并尽量置于第一反射镜的中间，调整完毕后撤掉有机板。如图 3-2-10 所示为微调激光管调整架。

图 3-2-9 调整激光输出电流 　　图 3-2-10 微调激光管调整架

（3）将一小块有机板夹在第二反射镜表面，微调第一反射镜调节旋钮，同时配合使用测试按键（点击），使经第一发射镜反射出的激光能完全处于第二反射镜上，并尽量置于第一反射镜的中间；同时，应保证在 Y 轴方向上前后两端接收到的激光光点重合，调整完毕后撤掉有机板。如图 3-2-11 所示为微调第一反射镜。

（4）将一小块有机板夹在第三反射镜表面，微调第二反射镜调节旋钮，同时配合使用测试按键（点击），使经第二发射镜反射出的激光能完全处于第三反射镜孔上，并尽量从第三反射镜孔的中间射入；同时，应保证在 X 轴方向上左右两端接收到的激光光点重合，调整完毕后撤掉有机板。如图 3-2-12 所示为微调第二反射镜。

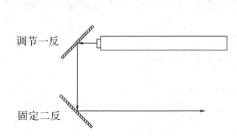

图 3-2-11 微调第一反射镜

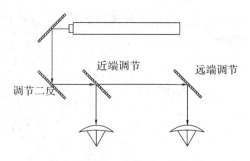

图 3-2-12 微调第二反射镜

（5）将一小块有机板放置于聚焦镜筒上方，微调第三反射镜调节旋钮，同时配合使用测试按键（点击），使经第三发射镜反射出的激光能完全处于聚焦镜筒内，并尽量从聚焦镜筒的中间射入（注意此时产生的烟雾可能会对第三反射镜片造成污染，应尽量避免产生的烟雾进入第三反射镜头），调整完毕后撤掉有机板。如图 3-2-13 所示为微调第三反射镜。

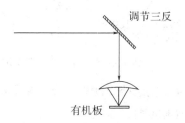

图 3-2-13 微调第三反射镜

（6）调整焦距可采用专用的焦距调规。若调规尺寸发生变化，可将一小块有机板平放与加工平台上，点击测试按键，上下微调聚焦镜筒高度，使激光射到有机板上的汽化点最小，并固定好聚焦镜筒。将焦距调规放置于镜筒与有机板之间，调整好高度并固定即可，以后使用只需将其放在聚焦镜和加工工件之间即可。

以上调整情况的好坏将直接影响整机加工效果，切记需反复仔细调节！

2）激光管的更换

激光管的更换由厂方客服人员负责。

5. 恒温水冷机维护和保养

激光水冷机中的水要定期换并清洗，一周一次。如图 3-2-14 所示为激光水冷机。

图 3-2-14 激光水冷机

注意：水质的清洁将直接影响设备的正常使用及寿命，因水质原因造成的设备损坏不在保修之列。

6. 负压风机和吸尘管路维护和保养

定期清理负压风机和吸尘管路内部的灰尘，每三个月进行一次。

六、激光切割机常见故障处理

1. 主设备部分

激光切割机主设备常见的故障及处理办法如表 3-2-2 所示。

表 3-2-2　激光切割机主设备故障及处理办法表

故障现象	故障原因	解决办法
开启钥匙开关无任何反应	总电源开关未合上	合上总电源开关
	市电未接通	逐级检查市电是否接通
	总电源开关损坏	可联系售后服务人员
机器不运转（无制冷或泵不作业）	机器不运转（无制冷或泵不作业）	检查电源线是否连接到电源插头；检查电源开关是否开启；检查面板电源是否开启
无激光输出或激光输出很弱，刻划深度不够	设备聚焦焦距变化	仔细调准焦距
	光路发生偏移	调节光路
	聚焦镜污染	清洁聚焦镜
	反射镜片污染	清洁反射镜片
	冷却水循环不流通	疏通冷却水路
	激光管损坏或老化	更换激光管
	激光电源损坏	更换激光电源
切割深度不理想	激光功率设置不正常	设置合适的激光功率
	切割加工参数不正常	设置合适加工参数
	激光输出变弱	参照上一点
加工尺寸有误差或误动作	信号线工作不正常	更换信号线
	整机和计算机接地不正常	将设备和计算机良好接地
	计算机操作系统故障或感染病毒	计算机系统整理
	应用软件工作不正常	重新安装软件和运动控制卡的驱动软件
	供电电源不稳定或有干扰信号	加装稳压器或排除干扰信号
	加工程序编写不正确	检查编写的加工程序，修改直至正常
运行效果不理想	导轨污染或生锈	清洁导轨并添加润滑油
	滑块和滑轮污染	清洁滑块和滑轮
	传动皮带松脱	调整皮带松紧
	传动同步轮松动或磨损	检查同步轮机构，调节或者更换部件

2. 恒温水冷机部分

恒温水冷机常见故障及处理办法如表 3-2-3 所示。

表 3-2-3　恒温水冷机故障及处理办法表

故障现象	故障原因	解决办法
开机不通电	电源线接触不好	检查插口是否接触良好
	保险管熔断	拉出保险管进行检查，如损坏应及时更换
流量警报	储水箱水位太低	检查水位，添加循环水并检查水路是否有泄漏
	冷却水管折弯堵塞水路	检查水管是否平直
水温超高	防尘网堵塞，散热不良	定期清洗
	出风入风口通风不良	保证出入口出风通畅
	电压严重偏低或不稳定	改善线路或使用稳压器
	冷却机频繁开关机	保证冷水机有足够的制冷时间
	热负荷超标	降低热负荷或选用更大制冷量的机型
室温超高报警	冷却水使用环境的温度偏高	改善通风，保证冷水机运行环境在40度以下
换水时排水口排水缓慢	注水口没有打开	打开注水口
泵不能正常工作	泵不能正常工作	检查整个系统的液体水平，确保泵能正常接收到液体； 检查泵马达是否运转； 检查循环系统是否堵塞
泵吸力不足	泵吸力不足	检查电压是否太低； 检查管直径是否过小； 检查流体黏度是否太高； 检查连接管是否受到了限制
无制冷或制冷不足	无制冷或制冷不足	检查电压是否太低或太高； 检查通风处是否有堵塞； 检查环境温度(过高的环境温度会引起制冷压缩机短时停机)； 检查是否过多的热量被转到冷却液体里，因为这会超过制冷系统的冷却能力

 工作过程

【任务实施】激光切割机的日常维护与常见故障处理

一、实施目标

（1）能说出激光切割机各零部件的名称及作用。

（2）能说出激光切割机的工作原理。

（3）知道激光切割机的日常维护要求，能正确对激光切割机进行日常维护。

（4）针对激光切割机出现的故障，能找出原因并排除故障。

二、实施准备

$TY-CN-80$ 型 CO_2 激光切割一体实训系统一套。

三、实施内容

（1）说出激光切割机各零部件的名称及作用。

（2）观察激光切割机如何完成零件的切割加工。

（3）根据激光切割机的日常维护要求，完成激光切割机的日常维护工作。

（4）能根据 $TY-CN-80$ 型 CO_2 激光切割机出现的故障现象，找出原因并排除故障。

四、实施步骤

1. 认识激光切割机的零部件

在图 $3-2-15$ 标出 $TY-CN-80$ 型 CO_2 激光切割机主要零部件的名称。

图 $3-2-15$　CO_2 激光切割机的主要零部件

2. 维护保养激光切割机

（1）根据日常维护要求，让学生对 $TY-CN-80$ 型 CO_2 激光切割机进行日常保养工作。

（2）让学生对 $TY-CN-80$ 型 CO_2 激光切割机光路系统进行维护和保养工作。

（3）让学生对 $TY-CN-80$ 型 CO_2 激光切割机运动机构进行维护和保养工作。

（4）让学生对 $TY-CN-80$ 型 CO_2 激光切割机光路系统进行调整。

3. 排除激光切割机常见故障

在 $TY-CN-80$ 型 CO_2 激光切割一体实训系统上设置以下故障，让学生根据故障现象找出原因并排除故障。

（1）如果 $TY-CN-80$ 型 CO_2 激光切割机出现无激光输出或激光输出很弱，刻划深度不够的现象，请找出原因并排除故障。

（2）如果 $TY-CN-80$ 型 CO_2 激光切割机出现加工尺寸有误差或误动作的现象，请找出原因并排除故障。

（3）如果 TY-CN-80 型 CO_2 激光切割机出现恒温水冷机水温超高现象，请找出原因并排除故障。

（4）如果 TY-CN-80 型 CO_2 激光切割机出现无制冷或制冷不足现象，请找出原因并排除故障。

（5）如果 TY-CN-80 型 CO_2 激光切割机出现泵不能正常工作现象，请找出原因并排除故障。

注意：

（1）要注意人身及设备的安全。关闭电源后，方可观察激光切割机内部结构。

（2）未经指导教师许可，不得擅自任意操作。

（3）在查找故障和排除故障期间，要正确使用工具，不要损坏零部件。

（4）保养激光切割机要在规定时间内完成，符合基本操作规范，并注意安全。

（5）任务实施结束后，要清理现场，清洁机床，及时对机床进行润滑。

任务评价

完成上述任务后，认真填写表 3-2-4 所示的"激光切割机的日常维护与常见故障处理评价表"。

表 3-2-4　激光切割机的日常维护与常见故障处理评价表

组别		小组负责人	
成员姓名		班级	
课题名称		实施时间	
评价指标	配分	自评	互评	教师评
标出零部件名称	10			
激光切割机日常保养	15			
激光切割机光路系统维护和保养	10			
激光切割机运动机构维护和保养	10			
调整光路，更换激光管	10			
对项目课题有探究兴趣，认真对待，积极参考	10			
能积极主动查阅相关资料，收集信息，获取相关学习内容	10			
善于观察、思考，能提出创新观点和独特见解，能大胆创新	10			
组员分工协作，团结合作，解决疑难问题	5			
课堂学习纪律情况	10			

续表

评价指标	配分	自评	互评	教师评
总　　计	100			
教师总评 （成绩、不足及注意事项）				
综合评定等级（个人 30%，小组 30%，教师 40%）				

 任务练习

1. 激光切割机由哪些部分组成？

2. 如何调整光路系统？

3. 激光切割加工中若出现加工尺寸误差或误动作现象，应如何解决？

4. 激光切割加工中若出现运行效果不理想现象，应如何解决？

5. 激光切割加工中若出现水温超高现象，应如何解决？

 任务小结

本任务的要点包括：

（1）激光切割机的组成。

（2）激光切割机的工作原理。

（3）激光切割机的特点。

（4）激光切割机的切割方式。

（5）激光切割机的维护与保养。

（6）激光切割机常见故障及其处理办法。

 任务拓展

阅读材料(一)——激光切割机的竞争优势

激光切割机是钣金加工的一次工艺革命，是钣金加工中的"加工中央"。激光切割机柔性化程度高，切割速度快，出产效率高，产品出产周期短，为客户赢得了广泛的市场。该技术的有效生命期长，国外超过 2 毫米厚度的板材大都采用激光切割机，很多国外的专家一致认为今后 30～40 年是激光加工技术发展的黄金时期。

一般来讲，建议 12 mm 以内的碳钢板、10 mm 以内的不锈钢板等金属材料切割使用激光切割机。激光切割机无切削力，加工无变形，无刀具磨损，材料适应性好，无论是简单还是复杂零件，都可以一次精密快速成型切割。激光切割的切缝窄，切割质量好，自动化程度高，操纵简便，劳动强度低，没有污染，可实现切割自动排样、套料，提高了材料利用率，生产成本低，经济效益好。

激光切割机选购要考虑的因素很多，除了要考虑目前加工工件的最大尺寸、材质、需要切割的最大厚度以及原材料幅面的大小外，还需要考虑未来的发展方向，比如所做产品技术改型后要加工的最大工件大小，钢材市场所提供的材料哪种最省料，上下料时间等。

阅读材料（二）——激光切割机的选购

首先，要弄清楚自己企业的生产范围、加工材料和切割厚度等，进而确定要采购的设备的机型、幅面和数量，为后期的采购工作做简单的铺垫。激光切割机应用领域涉及手机、电脑、钣金加工、金属加工、电子、印刷、包装、皮革、服装、工业面料、广告、工艺、家具、装饰、医疗器械等众多行业。市面上主流的激光切割机是 3015 和 2513，即 3 米乘以 1.5 米和 2.5 米乘以 1.3，但是幅面其实不是问题，一般公司都会配有很多种幅面供客户选择，也可以订制。

其次，专业人员进行现场模拟解决或提供解决方案，同时也可以拿自己的材料到厂家打样，以衡量激光切割机的品质。

（1）切割缝隙：激光切割的割缝一般在 0.10 mm～0.20 mm。

（2）切割面光滑：激光切割的切割面有无毛刺。一般来说，YAG（Yttrium Aluminium Garnet）激光切割机多少都有点毛刺，主要是由切割厚度和使用气体来决定的。一般 3 mm 以下是没有毛刺的，气体是氮气效果最好，氧气效果其次，空气效果最差。光纤激光切割机毛刺最少或没有，切割面非常光滑，速度也很快。

（3）看材料的变形：材料的变形非常小，则激光切割机品质好。

（4）功率的大小：比如工厂多数都是切割 6 mm 以下的金属板材，就没必要买大功率的激光切割机，500 W 的光纤激光切割机即可满足生产需求。如果生产量较大，担心 500 W 效率不如大功率激光切割机，最好的选择是购买两台或者更多的中小功率的激光切割机，这样在控制成本和提高效益上都对厂家有利。

（5）激光切割的核心部位：激光器和激光头有进口的和国产的，进口激光器一般用 IPG 的较多，国产一般是锐科的较多。同时，激光切割机的其他配件也要注意，如电机是不是进口伺服电机，以及导轨、床身等的品质，因为它们在一定程度上影响着机器的切割精度。特别需要注意的一点是激光切割机的冷却系统——冷却柜，很多公司直接用家用空调来冷却，效果其实非常不好，最好的办法是使用工业专用空调，专机专用，这样才能达到最好的效果。

最后，任何一台设备在使用过程中都会出现不同程度的损坏，那么在损坏后维修是否及时与收费高低也就成为了必须要考虑的问题，所以在购买时要通过多种渠道了解企业的售后服务水平，比如维修收费是否合理等。

项目三　激光标刻机的维护与保养

模块三　项目三

 学习目标

- 认识激光标刻机的组成及工作原理;
- 掌握激光标刻机的日常维护与保养基础技术;
- 养成规范操作、认真细致、严谨求实的工作态度。

任务描述

通过本任务的学习,了解激光标刻机的组成及工作原理,掌握其常见故障的排除方法,并实践激光标刻机的维护与保养。

 知识链接

激光标刻是用激光束在各种不同的物质表面打上永久标记。标刻的效应是通过表层物质蒸发露出深层物质,或者通过光能导致表层物质发生化学物理变化而"刻"出痕迹,或者通过光能烧掉部分物质,显出所需刻蚀的图案、文字。如图 3-3-1 所示为激光标刻机及其加工的产品。

图 3-3-1　激光标刻机及其加工的产品

激光标刻机又常被称为激光打标机、镭射打标机、激光标记机,按其工作方式可分为半导体侧泵激光打标机、光纤激光打标机、CO_2 激光标刻机。打标的效应是通过表层物质的蒸发露出深层物质,从而刻出精美的图案、商标和文字。目前,激光打标机主要用于一些要求更精细、精度更高的场合。

一、激光标刻机的组成

激光标刻机主要由激光器、激光电源、声光调制系统、振镜扫描系统、计算机控制系统、指示系统、聚焦系统、标刻控制软件等组成,如图 3-3-2 所示。

1. 激光器

激光器是激光标刻机的核心配件，实质上它由两个部件构成，即光纤激光器和激光器电源。根据机型不同，激光标刻机通常有很多系列的激光器，如光纤、紫外、CO_2、YAG和半导体激光器等。激光器输出激光模式好，使用寿命长，被设计安装于打标机机壳内。如图3-3-3所示为光纤激光器。

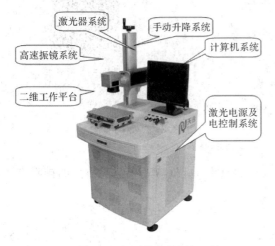

图 3-3-2　激光标刻机

图 3-3-3　光纤激光器

2. 激光电源

激光标刻机的激光电源是为激光器提供动力的装置，其输入电压为 AC220 V 的交流电。新型激光电源具有流量水压保护、断电保护、过压过流保护等功能，具体技术指标如表3-3-1所示。

表 3-3-1　激光标刻机激光电源技术指标

激光功率	$\geqslant$20 W
调制频率范围	20~100 KHz
供电电压	220 V 50 Hz 单相交流电源
最大用电功率	$\leqslant$1 KW
效率	$\geqslant$80%
过压保护	115%~135%
过流保护	110%~120%

3. 振镜扫描系统

振镜扫描系统是由光学扫描器和伺服控制两部分组成。振镜头由定子、转子、检测传感器三部分组成。整个系统采用新技术、新材料、新工艺、新工作原理设计和制造。

光学扫描器主要采用动磁式和动圈式偏转工作方式的伺服电机，具有扫描角度大、峰值力矩大、负载惯量大、机电时间常数小、工作速度快、稳定可靠等优点。精密轴承消隙机构提供了超低轴向和径向跳动误差，具有先进的高稳定性。精密位置检测传感技术提供高线性度、高分辨率、高重复性、低漂移的性能。

光学扫描器分为 X 方向扫描系统和 Y 方向扫描系统，每个伺服电机轴上固定着激光反射镜片。每个伺服电机分别由计算机发出的数字信号控制其扫描轨迹。

4. 计算机控制系统

计算机控制系统是整个激光标刻机的控制和指挥中心，同时也是标刻软件安装的载体，它通过对声光调制系统、振镜扫描系统的协调控制完成对工件的标刻处理。

TY - FM - 20 型光纤激光打标实训系统的计算机控制系统主要包括机箱、主板、CPU、硬盘、内存条、专用标刻板卡、软驱、显示器、键盘、鼠标等。

5. 指示系统

指示光波长为 630 nm，为可见红光，安装于激光器光具座的后端。指示系统的主要作用有两点：指示激光加工位置；为光路调整提供指示基准。

6. 聚焦系统

聚焦系统的作用是将平行的激光束聚焦于一点，主要采用 f - θ 透镜，不同 f - θ 透镜的焦距不同，标刻效果和范围也不一样。光纤激光标刻机选用进口高性能聚焦系统，其标准配置的透镜焦距 f ＝ 160 mm，有效扫描范围为 110 mm × 110 mm。另外，用户可根据需要，选配不同型号的透镜。

7. 标刻控制软件

激光标刻机软件是用来控制标刻参数、控制调试的应用界面，可以操作标刻全部动作。

二、激光标刻机的工作原理

激光标刻机主要由激光器、激光电源、声光调制系统、振镜扫描系统、计算机控制系统、指示系统、聚焦系统等组成。交流电源分别给计算机、Q 开关电源、冷却循环泵、激光电源、He - Ne 激光器等供电。半反镜、YAG 聚光腔、全反镜组成的谐振腔产生激光，经过 Q 开关的调制后形成一定频率峰值功率很高的脉冲激光，经过光学扫描、聚焦后到达工作台表面。

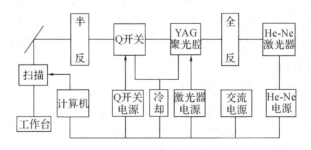

图 3 - 3 - 4　激光标刻机系统原理图

工作台表面可以上下移动，以适应不同厚度的工件，工件表面处于激光的聚焦平面上。计算机通过专用的打标控制软件输入需要标刻的文字及图样，设定文字及图样的大小、总的标刻面积、激光束的行走速度和需要重复的次数，扫描系统就能在计算机的控制下运动，操控激光束在工件上标刻出设定的文字和图样。现在的软件具有自动图像失真矫正功能，能够实现精密图像的标刻。如图 3 - 3 - 4 所示为激光标刻机系统原理图。

冷却系统中的去离子循环水冷却 Q 开关和聚光腔使之保持一定的温度，防止它们烧坏。He-Ne 激光器有两个作用：一是指示激光的加工位置，二是光路调整时提供指示。

激光几乎可对所有零件（如活塞、活塞环、气门、阀座、五金工具、卫生洁具、电子元器件等）标刻，且标记耐磨，生产工艺易实现自动化，被标记部件变形小。

TY-FM-20 型光纤激光打标实训系统采用振镜扫描方式进行标刻，即将激光束入射到两反射镜上，利用计算机控制扫描电机带动反射镜分别沿 X、Y 轴转动，激光束聚焦后落到被标记的工件上，从而形成了激光标记的痕迹。如图 3-3-5 所示为 TY-FM-20 型光纤激光打标原理。

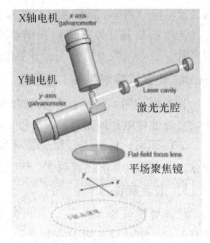

图 3-3-5　TY-FM-20 型光纤激光打标原理

三、激光标刻机的种类及其应用范围

激光标刻机能标记任意图形、文字、条形码、二维码，可实现自动编号，打印序列号、批号、日期，能永久保持，不易被人假冒，具有良好的防伪功能。

激光标刻机种类繁多，有二氧化碳激光标刻机、半导体激光标刻机、紫外激光标刻机等，可应用于各个领域。激光标刻机的成本低廉，不受加工数量的限制，对于小批量加工服务，激光工艺更加适合其应用范围。

1. 紫外打标机

紫外激光机依靠激光能量打断原子或分子间的键合，使其成为小分子汽化、蒸发掉。由于其聚焦光斑极小，能在很大程度上降低材料的机械变形，且加工热影响区微乎其微，因而可以进行超精细打标、特殊材料打标。

应用领域：主要应用于超精细加工高端市场，化妆品、药品、食品及其他高分子材料的包装瓶表面打标；柔性 PCB 板打标、划片；硅晶圆片微孔、盲孔加工；LCD 液晶玻璃、玻璃器皿表面、金属表面镀层、塑胶按键、电子元件、礼品、通信器材、建筑材料等。

2. 光纤激光打标机

光纤激光打标机采用光纤激光器输出激光，再经过高速扫描振镜系统实现打标功能，光纤打标机电光转换率高，可雕刻金属材料和部分非金属材料，主要应用于对深度、光滑度、精细度需求较高的领域和位图的打标，可在金属、塑胶等表面标刻出精美图案。

应用领域：应用于不锈钢、铝制品等金属、塑胶制品、IC、手机按键、钟表、模具行业、位图等打标作业。

3. CO_2 激光打标机

CO_2 激光打标机是将激光束通过扩束、振镜、聚焦，最后通过控制振镜的偏转实现标刻的高性能激光设备。

应用领域：电子元件、仪器仪表、服装、皮革、箱包、制鞋、纽扣、眼镜、医药、食品、饮料、化妆品、包装、电工器材等，同样适用于各种非金属材料和产品的打标、雕刻、镂空、切刻，可进行各种文字、符号、图形、图像、条码、序列号等打标、雕刻、镂空、切刻。

4. 半导体侧面泵浦激光打标机

半导体侧面泵浦激光打标机在 Q 开关的作用下形成波长为 1064 nm 的脉冲激光束输出，激光束通过扩束、聚焦，最后通过控制振镜的偏转实现标刻。

应用领域：手机通信、汽车配件、电子元器件、眼镜钟表、集成电路(IC)、电工电器、五金制品、工具配件、首饰饰品、塑胶按键、建材、PVC管材、医疗器械、精密器械等行业。

四、激光标刻的特点

1. 永久性

标记永久耐磨，激光照射工件表面材质，产生局部高温，使材料本身被汽化或在高温下被氧化而产生印记，除非材质本身被破坏，否则激光标记不会被磨损。

2. 防伪性

采用激光标刻技术雕刻出的标记不容易仿制和更改，在一定程度上具有很强的防伪性。

3. 非接触性

激光标刻是以非机械式的"光刀"进行加工，可在任何规则或不规则的表面打印标记，且打标后工件不会产生内应力，保证工件的原有精度。同时，激光标刻对工作表面不产生腐蚀，无"刀具"磨损、无毒害、无污染。

4. 适用性广

用激光做加工手段，可以对多种金属、非金属材料(铝、铜、铁、木制品等)加工。

5. 雕刻精度高

激光标刻机雕刻的物品图纹精细，最小线宽可达 0.04 mm，且标记清楚、持久、美观。激光印标能满足在极小的塑料制件上印制大量数据的需要。例如，可印制要求更精确，清楚度更高的二维条码，与压印或喷射打标方式相比，有更强的市场竞争力。

6. 运行成本低

激光标刻速度快且标记一次成型，能耗小，因而运行成本低。因此，激光标刻机的设备投资比传统标记设备大，但从运行成本而言，使用激光标刻机要低得多。

举例说明：

(1) 塑封三极管打标。激光标刻机工作速度为 10 个/秒，若设备折旧以 5 年计算，打标费用为 0.00048 元/个；如果使用移印机，其综合运行成本约为 0.002 元/个，甚至更高。

(2) 轴承表面打标。若轴承三等分打字，总共 18 个 4 号字，采用振镜式打标机，以氪灯灯管的使用寿命为 700 小时计算，则每个轴承的打标综合成本为 0.00915 元；电腐蚀刻字的成本约为 0.015 元/个。以年产量 400 万套轴承计算，仅打标一项，使用激光标刻 1 年最少可以降低成本约 6.5 万元。

7. 加工效率高

计算机控制下的激光光束可以高速移动(速度达 5～7 米/秒)，标刻过程可在数秒内完成。

8．开发速度快

由于激光技术和计算机技术的结合，用户只要在计算机上编程即可实现激光打印输出，并可随时变换打印设计，从根本上替换了传统的模具制作过程，为缩短产品升级换代周期和柔性生产提供了便利工具。

9．任意图形编辑

激光标记设备均采用计算机控制，可对任意图形文字进行编辑输出，无需制版制模。

10．高效率低成本

激光束在计算机控制下可以高速移动，通过分光技术，还可以实现多工位同时加工，提高了效率。

11．环保无污染

相对于传统的丝网印刷和化学腐蚀等标记方法，激光标刻无三废物质排放，因而工作环境清洁。

五、激光标刻机日常维护、保养及注意事项

1．日常维护及保养内容

（1）设备供电电压一定要为标准的民用电压 220 V，供电插座一定要带地线。

（2）设备开关机要按顺序依次按下，先打开总开关，电脑开机后打开软件，然后依次按下振镜开关—红光开关—激光开关，关机反之。

（3）激光标刻机平时使用没有耗材，但由于激光光斑的性质，要求操作人员在生产过程中必须佩戴防护眼镜。

（4）由于激光类型的不同，它们的波长不一样，所以有个别激光会对人体皮肤产生作用。因此，在操作此类激光时，皮肤不要暴露在激光加工范围之内。

（5）当激光器功率过大时，都会采用水冷的方式帮激光器降温，水箱里的水最好用蒸馏水。为了保证水的纯净，水箱里的水一般 1 到 2 个月后更换一次。

（6）定期检查各光学镜片是否有污垢（期限视工作环境而定），有污垢应及时擦拭。清洗镜片时，一定要非常小心，请按规定进行擦拭与清洗。

① 用工具拿取镜片，如用镊子等。如有条件，拿取镜片时一定要戴指套或橡胶手套。

② 镜片要放在镜头纸上，以避免损伤。

③ 不要把镜片放在硬或粗糙的表面，镜片很容易被刮花。

④ 纯金或纯铜的表面不要清洁和触摸，应使用正确的擦拭方法进行擦拭。

· 用空气球把表面的浮物吹去，如吹不掉污染物，则继续进行下一步（注意：不要用工厂的压缩空气，因其中含有大量的油和水，油和水会在膜层表面形成有害的吸收薄膜）。

· 用丙酮或乙醇（必须分析纯），擦镜纸叠成一小方块夹在四指之间沾湿擦镜纸，一手拿镜片，一手拿纸，按镜片镀膜纹路方向轻轻擦过，如不干净再重复以上动作（注意：擦拭一次后应换张纸，如这一步不能除去污垢，则换一镜片）。

· YAG 棒的清洗如镜片（操作此步之前必须接受光腔安装培训）。

（7）放置设备的地方一定要避免潮湿及阳光直射。

2. 维护与保养注意事项

（1）在任何情况下，打开声光电源之前，务必使声光器件充分通水冷却，否则将烧坏声光器件。

（2）输出必须通过 50 Ω 同轴电缆连接到声光器件或 50 Ω/60 瓦的纯电阻负载上，否则会因反射波使功放管发热，导致功放管烧坏。

（3）下限温度一般设定在 20℃，但为了防止温差过大而结露，工作温度一般根据环境和湿度设置。如环境温度为 32℃，可将下限温度设在 28℃，上限温度设在 35℃；如环境温度低于 20℃，下限温度就设定在 20℃。下限温度一般不低于环境温度 5℃，否则，结露将导致激光器功率下降，并有可能带来破坏性损失。

（4）错误的操作顺序将导致激光器不能正常工作。

（5）打标机外壳一定要可靠接地，否则可能导致精密振镜头部分的损坏，并有可能引发 YAG 棒和激光器的损坏。

（6）电源输出正负极性与氪灯正负极性一致，错误的接法将导致氪灯严重损坏，并有可能引发 YAG 棒和激光器的损坏。

（7）在无激光状态下，严禁随意调动反射镜架，否则可能导致激光器不能输出激光。

（8）连接管两端一定要严格检漏，否则冷却系统将无法制冷。

六、激光标刻机常见故障及解决办法

激光标刻机常见故障及解决办法如表 3-3-2 所示。

表 3-3-2　激光标刻机常见故障及解决法表

故障现象	故障原因	解决办法
电源指示灯不亮或风扇不转	AC220 V 未连接好	检查输电缆和两头是否接触好
	输出短路	
保护指示灯亮且无射频输出	内部过热，保护单元动作	改善散热条件
	外保护接点断开	检查外保护接点
	Q 开关元件与驱动器不匹配，或两者的连接不可靠，引起反射过大导致内部保护单元启动	测驻波比，咨询生产商
运行指示灯亮且无射频输出	出光控制信号是否有效	检查出光控制信号脉冲
	LEVEL 或 CONTROL 选择开关位置不对	阅读说明书，把开关拨到正确位置
加工图文错乱	出光有效电平设置错误	重新设置出光有效电平
可判断激光功率偏小	Q 开关元件或光路调节有问题	调节光路，检查 Q 开关元件
	输出射频功率偏小	
激光脉冲峰值功率偏小	激光平均功率偏小	调节激光输出功率
	Q 开关元件有问题	检查 Q 开关及调节光路

续表

故障现象	故障原因	解决办法
激光强度下降，标记不够清晰	激光谐振腔有变化	微调谐振腔镜片，使输出光斑最好
	声光晶体偏移或者声光电源输出能量偏低	调整声光晶体位置或者加大声光电源工作电流
	进入振镜的激光偏离中心	调整激光器
	电流调到 20 A 左右仍感光强不够	氪灯老化，更换新灯
联机时有一长三短警报	软件不工作，主板松动	打开电脑重新插
	Q 驱动报警灯亮时，检查 37 针与 15 针有没有松动	检查 Q 开关有没有正常通水
	激光电源报警灯亮	检查冷水机有没有打开，灯管有没有损坏，如损坏需要及时更换

 工作过程

【任务实施】激光标刻机的日常维护与常见故障处理

一、实施目标

（1）能根据激光标刻机的日常维护要求，对 TY - FM - 20 型光纤激光标刻机光路系统进行维护。

（2）能根据激光标刻机的日常维护要求，清洗 TY - FM - 20 型光纤激光标刻机的光学镜片。

（3）能根据 TY - FM - 20 型光纤激光标刻机出现的故障现象，找出原因并排除故障。

二、实施准备

TY - FM - 20 型光纤激光切割一体实训系统一套。

三、实施内容

（1）说出激光标刻机上各零部件的名称及作用。

（2）观察激光标刻机如何完成零件的切割加工。

（3）根据激光标刻机日常维护要求，完成激光标刻机的日常维护工作。

四、实施步骤

1. TY - FM - 20 型光纤激光标刻机日常维护

1）光路系统的维护

由于本产品长时间使用，空气中的灰尘吸附在聚焦镜和晶体端面上，轻者降低激光器的功率，重者造成光学镜片吸热，以致炸裂。

（1）当激光器功率下降时，如电源工作正常，应仔细检查各光学器件。

（2）检查聚焦镜是否因飞溅物造成污染。

（3）检查谐振腔膜片是否污染或损坏。

（4）检查晶体端面是否漏水或污染。

2）光学镜片的清洗

将无水乙醇（分析纯）与乙醚（分析纯）按 3∶1 的比例混合，用长纤维棉签或镜头纸浸入混合液，轻轻擦洗光学镜片表面，每擦拭一面，须更换一次棉签或镜头纸。

3）水的更换与水箱的清洁

建议每星期清洗水箱并更换循环水一次。

注意：

① 本机不工作时，将机罩和激光器的封罩封好，防止灰尘进入激光器及光学系统。

② 本机工作时，非专业人员切勿在开机时检修，以免发生触电事故。

③ 本机出现故障（如漏水、烧保险、激光器有异常响声等）时，应立刻切断电源。

④ 该机不得随意拆卸，遇重大故障应及时联系厂家。

2. 寻找并排除故障

在 TY-FM-20 型光纤激光标刻一体实训系统上设置故障，让学生根据故障现象，找出原因并排除故障。

（1）如果 TY-FM-20 型光纤激光标刻机电源出现指示灯不亮和风扇不转的现象，请找出原因并排除故障。

（2）如果 TY-FM-20 型光纤激光标刻机出现指示灯亮且无射频输出现象，请找出原因并排除故障。

（3）如果 TY-FM-20 型激光纤光标刻机出现激光强度下降、标记不够清晰的现象，请找出原因并排除故障。

（4）如果 TY-FM-20 型光纤激光标刻机出现加工图文错乱的现象，请找出原因并排除故障。

注意：

在使用激光标刻机的过程中，需要特别注意以下事项：

① 注意人身及设备的安全，关闭电源后，方可观察激光标刻机内部结构。

② 未经指导教师许可，不得擅自任意操作。

③ 不要直接目视激光投射点，否则会对眼睛造成伤害。

④ 不得直接用身体任何部位接触激光，以免对身体造成伤害。

⑤ 操作激光器时必须戴激光防护眼镜。

⑥ 严禁试图用激光去切割金属等高反射率的物品，否则会损坏激光器。

⑦ 激光刻标过程中，严禁切断电源，否则会损坏激光器。

⑧ 使用后要盖好准直器盖，防止镜头被污染。

⑨ 实验完毕后，注意清理现场，清洁机床，及时对机床进行润滑。

任务评价

完成上述任务后，认真填写表 3-3-3 所示的"激光标刻机的日常维护与常见故障处理评价表"。

表 3 - 3 - 3　激光标刻机的日常维护与常见故障处理评价表

组别		小组负责人	
成员姓名		班级	
课题名称		实施时间	

评价指标	配分	自评	互评	教师评
激光标刻机的组成	10			
激光标刻机光路系统维护	15			
激光标刻机光学镜片清洗	10			
激光标刻机电源出现指示灯不亮和风扇不转的故障诊断与排除	10			
激光标刻机激光强度下降，标记不够清楚的故障诊断与排除	10			
对项目课题有探究兴趣，认真对待，积极参与	10			
能积极主动查阅相关资料，收集信息，获取相关学习内容	10			
善于观察、思考，能提出创新观点和独特见解，能大胆创新	10			
组员分工协作，团结合作，解决疑难问题	5			
课堂学习纪律情况	10			
总　　计	100			
教师总评 （成绩、不足及注意事项）				
综合评定等级（个人 30%，小组 30%，教师 40%）				

🔒 任务练习

1. 激光标刻机由哪些部分组成？

2. 激光标刻机的特点有哪些？

3. 如何维护激光标刻机光路系统？

4. 如何清洗激光标刻机光学镜片？

5. 激光标刻机出现激光脉冲峰值功率偏小的现象，应如何排除故障？

6. 激光标刻机出现保护指示灯亮且无射频输出的现象，应如何排除故障？

任务小结

本任务的要点如下：

（1）激光标刻机的组成。

（2）激光标刻机的工作原理。

（3）激光标刻机的特点。

（4）激光标刻机的应用范围。

（5）激光标刻机的日常维护与保养。

（6）激光标刻机的常见故障及解决办法。

 任务拓展

阅读材料（一）——激光雕刻机与激光标刻机的区别

激光打标机又常被称为激光标刻机、镭射打标机、激光标记机，按其工作方式可分为半导体侧泵激光打标机、光纤激光打标机、CO_2 激光标刻机。激光打标是用激光束使表层物质蒸发露出深层物质，或者导致表层物质发生化学变化或物理变化而刻出痕迹，或者是通过光能烧掉部分物质，显出所需刻蚀的图形、文字。

激光雕刻机也叫镭雕机，是利用激光对需要雕刻的材料进行雕刻的科技设备。激光雕刻机不同于机械雕刻机和其他传统的手工雕刻方式，机械雕刻机是使用数控机械，用如高硬金刚石等硬度极高的材料来雕刻其他硬度较低东西。激光雕刻机工作原理非常简单，如同使用电脑和打印机在纸张上打印。您可以在 Win98/Win2000/WinXP 环境下利用多种图形处理软件如 CorelDraw 等进行设计，也可以将扫描的图形、矢量化的图文及多种 CAD 文件轻松地"打印"到雕刻机中。唯一的不同之处是，打印是将墨粉涂到纸张上，而激光雕刻是将激光射到木制品、亚克力、塑料板、金属板、石材等几乎所有的材料上。

那么，激光雕刻机与激光标刻机有什么不同呢？

1. 工作幅面

激光标刻机用的是振镜扫描，所以工作幅面比较小。

激光雕刻机说白了就是将一台雕刻机上的主轴换成了激光聚焦镜头，用激光代替刀具进行加工，所以只要 X、Y、Z 轴够大，想加工多大幅面就能加工多大幅面，但精度及加工效率受机械影响很大。另外，由于没有振镜，聚焦镜头等光路系统比较好做冷却，所以激光功率输出也不受限制。

2. 速度

激光标刻机的速度比较快，比如矿泉水厂家，1 分钟走的流水线都是 100 米左右。

3. 深度

激光雕刻机可以在大的行程尺寸上雕刻，也可以切割，深度远远超过激光标刻机。

阅读材料(二)——激光标刻机的选购

激光打标机主要应用于一些要求更精细、精度更高的场合，近年来被广泛应用于手机 logo 打标等领域。那么，我们该如何选购激光打标机呢？

第一步选类型，首先要确定你的打标产品，明确了你要给什么样的产品打标，就可以决定购买什么样的激光打标机。每种材质都有最适合自己的激光打标机，种类很多，可以自由选择。如图 3-3-6 所示为各种激光标刻机。

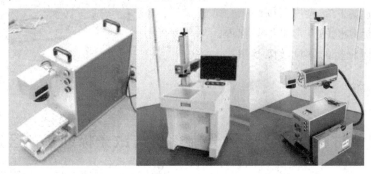

图 3-3-6 各种激光标刻机

第二步选激光器，激光器的品质是影响激光打标机品质的最重要因素，例如天发、经纬、创鑫等品牌的激光器都是很不错的产品。建议尽量选择配置了好的激光器的激光打标机，可以保证打标效果。如图 3-3-7 所示为激光器。

第三步选振镜头，激光打标机的振镜头直接决定打标图形的好坏，好的振镜头可以有效提高激光打标机的打标速度，保证图形精度。例如，天发激光打标机采用的就是高速振镜头，其获得欧盟市场的强制性认证。如图 3-3-8 所示为振镜头。

第四步操作，尽量选择一款操作软件比较方便的激光打标机，例如天发的 APP 激光打标机，用 APP 软件就能操作。如图 3-3-9 所示为 APP 激光打标机。

图 3-3-7 激光器　　　　图 3-3-8 振镜头　　　　图 3-3-9 APP 激光打标机

第五步选售后服务，激光打标机的售后也是需要注意的一个问题，包括激光打标机的配送、培训、调试等。

项目四　电梯的维护与保养

模块三　项目四

任务一　轿厢的维护与保养

学习目标

- 认识电梯轿厢系统的组成；
- 掌握轿厢的维护与保养内容和要求；
- 养成安全、规范操作的良好工作习惯。

任务描述

要对电梯轿厢进行常规保养，必须先对电梯的轿厢结构有一个基本的认识。本项目根据电梯维修保养的基本操作要求，设计轿厢维保任务。通过本任务的学习，学生可掌握基本安全操作规范，学会对电梯轿厢内各装置进行保养，并能树立牢固的安全意识与培养规范操作的良好习惯。

知识链接

轿厢是用于装载乘客或货物的一种厢型金属构件，它借助固定在轿厢框架上、下两侧的四个导靴，沿着导轨作垂直升降运动，以完成载客与载货的工作。

一、电梯的种类

按用途划分，电梯有如下几类：

（1）为运送乘客设计的电梯，要求有完善的安全设施以及一定的轿内装饰，这类电梯通称为客梯。

（2）主要为运输通常由人伴随的货物而设计的电梯，要求轿厢的面积大、载重量大，这类电梯通称为货梯。

（3）为运送病床、病人及医疗设备而设计的电梯，轿厢长而窄且双面开门，这类电梯通称为医梯。

（4）为适应大交通流量和频繁使用而特别设计的客梯，其轿厢的轿壁板进行了加厚消音处理，门机采用快速门机，适用速度为 150 m/min 以及更高速度的电梯，这类电梯为特设电梯。

（5）供图书馆、办公楼、饭店运送图书、文件、食品等设计的电梯，这类电梯通称为杂物电梯。

（6）用作装运车辆的电梯，这类电梯通称为车辆电梯。

（7）船舶上使用的电梯，这类电梯通称为船舶电梯。

（8）建筑施工与维修用的电梯，这类电梯通称为建筑施工电梯。

二、电梯的维修保养及注意事项

1. 维修保养的一般要求

（1）电梯的正常保养周期分为半月、月、季度、半年、年保养，维保人员应按计划按时保质保量对电梯进行相应的检修和维护。

（2）电梯维保人员每半月对电梯各易损运动安全部件及基本功能进行一次较为全面的清洁、检查、润滑、调整、更换零部件等保养工作。

（3）在每半月保养的基础上，分别于每月、季度、半年、年再对上述部件进行更深入的保养，以及对其他部件按时进行清洁、检查、润滑、调整、更换等保养工作。

（4）维保完成后的电梯应处于良好安全的运行状态，各部位符合相应的国家标准及企业标准。

（5）在周期性巡视或保养中，若发现有异常情况但不易进行即时处理的，在不影响正常安全使用的情况下可先予以详细记录，随后尽快安排处理并做好记录。

（6）电梯发生紧急召修的故障应及时在记录表上做详细记录。

（7）每台电梯每年专用一本保养表，每次保养项目不得少于各相关表内要求，维保负责人或公司管理人员要对保养员工填报的真实性进行不定期检查。

2. 保养作业前的注意事项

（1）为使自身条件处于良好状态，应有足够的睡眠时间，以最佳的健康状态面对作业。

（2）应穿戴整洁规范的工作服、工作帽、安全带、安全鞋。

（3）详细掌握当天各维护保养现场的作业内容、工序，并根据需要准备安全带及其他保护用具。

（4）用于作业的工具、计量器具，应使用检验合格的。

（5）作业开始之前，应面见电梯客户管理负责人，说明作业目的及作业的预计时间，让其了解情况。

（6）对将要着手的作业内容、顺序及工序，应再次详细协商。

（7）不得凭借作业者自己的随意判断和第三者的言行而擅自行动。

（8）命令、指示、联络的手势应相互确认，还应考虑照明、能见度、噪声等因素，以保证准确地传达信息。

三、轿厢的组成

轿厢是电梯的主要部件之一，主要由轿厢架、轿顶、轿厢体、轿底等组成。轿厢架是承重构架，由底梁、立柱、上梁和拉杆组成，在轿厢架上还装有安全钳、导靴、反绳轮等。轿厢体由轿底、轿顶、轿门、轿壁等组成，在轿厢上安装有自动门机构、轿门安全机构等。在轿厢架和轿底之间还装有称重超载装置。

（1）轿架。电梯的轿厢架由上梁、下梁、立柱、拉杆等组成，如图3-4-1所示。

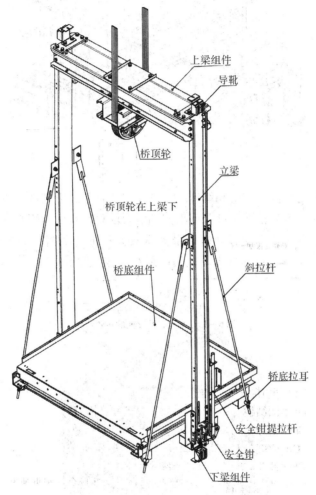

图3-4-1　轿架的组成

轿厢架是轿厢的承载结构，轿厢的负荷（自重和载重）由它传递到曳引钢丝绳。当安全钳动作或蹲底撞击缓冲器时，轿厢架还要承受由此产生的反作用力，因而其要有足够的强度。这些构件一般都采用型钢或专门褶边而成的型材，通过搭接板用螺栓接合，可以拆装，以便操作人员进入井道组装。

（2）轿顶。由于安装、检修和营救的需要，轿顶有时需要站人，我国有关技术标准规定，轿顶承受3个携带工具的维保人员（每人以100 kg计）时，其弯曲挠度应不大于跨度的1/1000。

此外，轿顶上应有一块不小于0.12 m² 的站人用的净面积，其小边长度至少应为0.25 m。同时，轿顶还应设置排气风扇、检修开关、急停开关和电源插座，以供应维保人员在轿顶上工作时的需要。轿顶靠近对重的一面应设置防护栏杆，其高度不超过轿厢的高度。如图3-4-2所示为轿顶的电子部件。

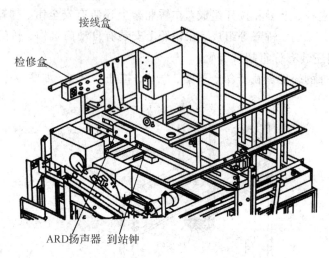

图 3 - 4 - 2　轿顶的电子部件

（3）轿厢体。为了乘员的安全和舒适，轿厢入口和内部的净高度不得小于 2 米，具体组成如图 3 - 4 - 3 所示。为防止乘员过多而引起超载，轿厢的有效面积必须予以限制，具体可参见 GB7588 - 2003 对额定载重量和轿厢最大有效面积的相关规定。在乘客电梯中，为了保证不会过份拥挤，相关标准还规定了轿厢的最小有效面积。

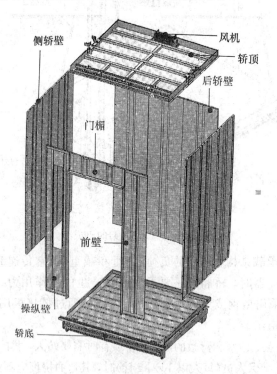

图 3 - 4 - 3　轿厢体的组成

（4）轿底。轿底在轿厢底部，是支撑载荷的组件，包括地板、框架等构件，如图 3 - 4 - 4 所示。轿底用 6～10 号槽钢和角钢按设计要求的尺寸焊接成框架，然后在框架上铺设一层钢板或木板。一般货梯在框架上铺设的钢板多为花纹钢板；普通客、医梯在框架上铺设的多为普通平面无纹钢板，并在钢板上粘贴一层塑料地板，高级客梯则在框架上铺设一层木板，然后在木板上铺放一块地毯。

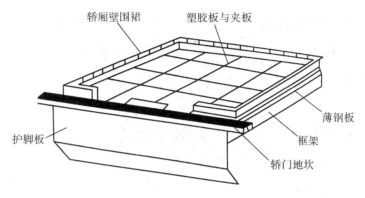

图 3-4-4　轿底的组成

对应轿厢入口的轿底一侧有轿门地坎及护脚板。护脚板宽度应等于相应层站入口的整个净宽度；其垂直部分的高度不应小于 0.75 m，迟滞部分以下应成斜面向下延伸；斜面与水平面的夹角应大于 60°，通常选择为 75°；斜面在水平面上的投影深度不得小于 20 mm，一般取 50 mm。

四、轿厢的保养项目

保养人员按保养计划对电梯进行每半月一次的基本保养工作，例行保养项目按运行情况，对机房、井道、层站、轿厢与对重、底坑进行分类。

运行情况保养项目：每次进行电梯试运行，用身体感觉确认从起动到平层，无异常振动、冲击以及异常声响，平层良好。轿厢的保养内容详见表 3-4-1 所示。

表 3-4-1　轿厢的保养内容

序号	保　养　内　容	时间
	A.环境	
1	轿顶装饰板的清洁，检查轿内照明	半月
2	轿内操纵箱面板及按钮的清洁	半月
3	检查内部通话装置及报警装置的工作情况	半月
	B.轿顶	
1	检查轿顶环境，清除轿顶污物	半月
2	油盒加油，检查毡芯磨损情况	半月
3	检查钢丝绳头的安装情况及巴氏合金状态开口销安装情况	半月
4	检查轿顶操作箱各开关照明情况	半月
5	检查限速器钢丝绳夹子的安装情况及松驰情况	半月

序号	保 养 内 容	时间
6	检查导靴的安装情况及横向振动情况,检查靴衬是否需要更换	季度
7	检查轿顶反绳轮的安装磨损情况及是否带油(有反绳轮时)	季度
8	检查称量装置安装状况及开关动作状况	季度
C.轿底		
1	检查安全钳装置是否紧固及夹块与导靴的间隙	半月
2	检查轿底结构有无变形及螺丝紧固状态	半月
3	检查下部导靴衬是否磨损,若有需及时更换	半月

五、轿厢的保养方法及标准

轿厢的保养方法和具体要求会根据轿厢内外部结构差异而有所不同,具体如下:

1. 轿厢内部

(1)轿内开关应灵活可靠。

(2)检查轿内操作按钮的接触情况。检查钥匙、内部通话装置及报警装置、照明及风扇的开关接触是否良好,如有故障应及时修理。

(3)检查轿内显示的情况,如有与楼层不符的现象,应找出原因并排除故障。

(4)检查轿厢本身在运动中是否有摆动、振动或由机房传来的噪声。一般来说,导靴的磨损、导轨接头连接不良或导轨歪都将引起轿厢的摆动或振动。

(5)检查平层精度是否在规定值范围内,如超出规定值,则应调整平层感应器的上下位置或隔磁板的相对位置。

2. 轿厢外部

(1)对驱动轿厢门的电动机轴承应定期钙基润滑油,每年清洗一次。

(2)传动皮带张力的调整。在使用过程中传动皮带如出现伸长现象引起张力降低而打滑,可以调节电动机的底座调节螺钉使皮带至适当张紧。

(3)检查安全触板动作是否灵活可靠,共碰撞力不大于 5 N。

(4)电梯因中途停电或电气系统发生故障而停止运行时,在轿厢内能用于将门拨开的力应在 200～300 N 范围内。

(5)门导轨每次保养时应清扫,使门移动轻便灵活,运行时无跳动、噪声;吊门滚轮外圈直径磨损 3 mm 时应予以更换,每次应检查连接螺栓并紧固。

(6)在轿厢门完全关闭,且安全开关闭合后,电梯方能行驶。

工作过程

【任务实施】轿厢的日常维护与保养

一、实施目标

（1）利用 VR 实训室的仿真软件对轿厢的保养内容进行模拟实操，并完成考核。

（2）能根据轿架、轿顶、轿厢体的日常维护与保养要求，在实训车间对富士达 GLVF - II 电梯的轿厢部分进行维护与保养。

（3）培养良好的工作习惯和安全防护意识。

二、实施准备

（1）电梯维护保养 VR 仿真实训室。

（2）富士达 GLVF - II 型教学实训电梯三部。

（3）电梯维保人员安全设备及维保工具。

三、实施内容

（1）通过 VR 仿真实操认识轿厢各部件。

（2）通过 VR 仿真实操熟悉轿厢的维保流程及要求。

（3）利用实训车间对维保电梯进行实际操作，掌握轿厢维保的内容和要求。

四、实施步骤

1．轿架的维护保养

（1）检查轿厢架与轿厢体连接处的连接螺栓的紧固，以及有无松动、错位、变形、脱落、锈蚀或零件丢失等情况。

（2）当发现轿厢架变形但变形不太厉害时，可采取稍微放松紧固螺栓的办法让其自然校正，然后再拧紧；但如果变形较严重，则要拆下重新校正或更换。

（3）当发现轿底不平时，可用胶片校平。在日常维保中，应保持轿厢体各组成部分的接合处在同一平面或相互垂直，不能有过大的拼缝。

（4）此外，当电梯发生紧急停车、卡轨或超载运行（超载保护装置不起作用）时，应及时检查轿厢架与轿厢体四角接点的螺栓紧固和变形情况。

（5）检查轿厢架与轿厢体连接的四根拉杆受力是否均匀，注意是否因轿厢歪斜造成轿门运动不灵活甚至造成轿厢无法运行。如这四根拉杆受力不匀，可通过拉杆上的螺母来进行调节。

（6）检查轿厢上安全标志是否完好无损。

（7）检查轿厢的清洁状况，进行必要的整理。

（8）检查轿厢绳轮转动时轴承有无异音。

（9）检查轿厢绳轮槽是否有磨损现象，若有应及时更换。

2．轿顶的维护保养

1）安全进入轿顶的操作步骤

（1）如果井道照明开关在井道外（如机房内），应先打开井道照明。

（2）将需作业的电梯轿厢呼叫到作业人员所在楼面。

（3）在轿厢内选两个与本层相邻且向下的楼层，使轿厢向下运行。

（4）用屋门钥匙打开层门，通过打开屋门断开安全回路的方法将轿顶停在从层门口能直接接触到轿厢检修盒且便于进入轿厢的合适位置。

（5）如果轿厢不是因打开层门断开安全回路而被迫停止的，或者轿厢是在自动停靠所选层站的状态下停止的，需观察轿门关闭（确认轿内没有乘客），等候10秒钟确认轿厢没有移动，以验证本层门安全回路是否有效。

（6）按下红色急停开关，使急停开关处在停止位置，然后关闭层门并等候10秒钟，再重新打开层门，确认轿厢没有移动，以验证急停开关是否有效。

（7）将轿顶检修开关拨到检修位置，然后打开轿顶照明灯。

2）轿顶维保的具体工作

（1）为了保证工作安全，轿厢内的环境应经常进行整理、清扫。

（2）接线盒（JB）连接、整理。确认随行电缆吊装固定部位的松动、夹紧状态，检查JB的安装有无松动，各个接线端子有无松动、生锈，接地安装是否良好。

（3）确认各个开关、按钮的动作及安装状态是否良好。

（4）确认安全门或窗能正常开启和关闭，确保安全开关功能有效。打开安全门或窗，确认即使按［UP］（上升）、［DOWN］（下降）钮，电梯也不能起动运行。

（5）平层感应器的维护。

① 连线的确认：检查轿顶上的线缆有没有从轿厢上伸出去碰到感应触板，确认端子没有松动，端子之间没有接触。

② 安装状态的确认：检查感应器及其固定交架的安装状态是否良好，有没有松动现象，确认IR板顶端与感应器底部间隙为8～10 mm，如图3-4-5所示。

图3-4-5 平层感应器保养

③ 污损的确认：如果发现感应器电缆沾染油污却置之不理，那么电缆就会因老化而引起短路或接地等故障。因此，必须及时擦去电缆上的油污，使其保持干净。

3. 轿厢体的维护与保养

（1）检查确认轿厢内壁、天花板及地板是否有变形、损伤，检查确认轿厢壁板固定螺栓没有因松动而导致壁板振动和异音。

注意：应确认大理石等装修材料是否存在显著磨损或脱落，若存在则会引起并加快轿厢等的损坏。

（2）应检查确认切断照明电源时应急照明能否立即点亮，确认照明功率为 1 W 的灯具能提供照明 60 分钟且照度不会忽然下降。

（3）因断管、闪烁等更换日光灯时，应更换正在使用的全部日光灯，同时也应更换启辉器。

（4）检查风扇。

① 动作异常、噪音确认。接通开关时，确认风扇回转状态良好，风扇电动机不发生异常噪音。

② 损伤、污损确认。应检查风扇箱及其电动机罩是否损坏，并清扫垃圾或污垢。

（5）检查操作器具（轿厢操纵盘）。

① 当司机操作盘内"照明""风扇"等拨动开关的杆部出现松弛现象时，说明开关内部金属部分已经磨耗，此时应该更换；同时，检查"报警"按钮动作是否有效。

② 确认铭板上没有损坏、脱落或文字消失的现象。

③ 按"报警"按钮，确认发信音能达到常驻人的管理室，并确认能正常通话，如图 3-4-6 所示。

图 3-4-6　报警通话确认

注意：全面检查对讲系统的电池消耗，避免呼叫音或通话断断续续。

（6）轿厢运行和到站确认。

① 加减速确认。确认电梯运行时的反向拉、单向拉情况不太大，确认加减速度不太大，加减速没有冲击。

② 噪音、振动确认。确认没有因钢丝绳张力不均或曳引机等引起的电梯纵向振动，确认没有因导靴或绳轮磨损、导轨连接部不良等引起的横向振动，确认机房、对重侧、底坑、轿厢周围等都没有（异常）噪音。

③ 电梯到站确认。确认电梯停止时没有冲击，平层准确度符合要求，确认电梯停止和制动动作的状态，确认制动器滑移量的大小，以及电梯到站时没有异常噪音或振动。另外，电梯到站平层"向上""向下"都应在空载运行下调整为 ±5 mm 以内。

任务评价

完成上述任务后，认真填写表 3-4-2 所示的"电梯的基础维护与保养评价表"。

表 3 - 4 - 2　电梯的基础维护与保养评价表

组别			小组负责人	
成员姓名			班级	
课题名称	轿厢的维护与保养		实施时间	
评价指标	配分	自评	互评	教师评
按要求穿着工作服、劳保鞋，戴安全帽	5			
轿顶操作是否系好安全带	10			
按要求规范使用工具	5			
轿顶检修平层传感器	20			
轿架保养是否按顺序和要求	20			
轿厢内检修操作是否规范	20			
学习态度认真，注重团队协作	10			
严格遵守课堂学习纪律	10			
总　　计	100			
教师总评（成绩、不足及注意事项）				
综合评定等级（个人 30％，小组 30％，教师 40％）				

任务练习

1. 轿厢体内部都有哪些设备？

2. 如何安全地进入轿顶工作？

3. 什么是轿顶工作时的坠落危险？

4. 进入轿顶维保时，如果需要佩带安全带，该如何做？

任务小结

本任务的要点如下：

（1）电梯轿厢的组成。

（2）电梯轿厢的日常维护与保养内容。

（3）电梯轿厢保养的方法与要求。

（4）良好的工作习惯和安全意识。

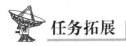

任务拓展

阅读材料——电梯维修保养的技术发展趋势

随着人们生活水平的不断提高，乘电梯的人员对电梯的安全也更关注，这就迫使电梯业要不断进行科技创新，特别是电梯制造企业要在科研方面加大投入。由于目前互联网技术和大数据平台技术的发展，一种新的电梯维修保养工具已经诞生，即电梯物联网技术或称无线远程监控技术。

电梯物联网技术可以说是为电梯维修保养的未来开辟了一条新的道路。目前，电梯的维修保养基本上都是按计划定期维修保养，比如一个月两次小保养，三个月一次大保养等。由于电梯的使用环境恶劣程度和使用频率不同，采用统一的按时保养计划并不科学，若采用电梯物联网技术，将来电梯的维修保养可能会按需进行。

通过电梯的物联网中心对全国各地的所有电梯进行实时数据采集并分析记录，然后通过系统自动生成每台电梯需保养的项目清单并进行报警提示，在电梯部件出现故障前就把它换掉或维修好，避免出现问题后才去维保。电梯物联网技术的原理如图3-4-7所示。

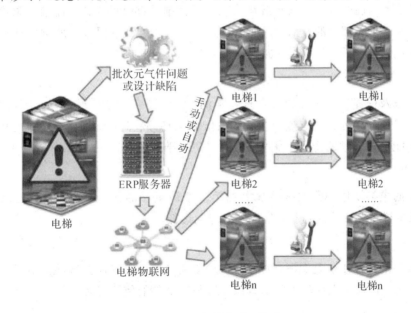

图3-4-7　电梯物联网技术

任务二　电梯门系统的维护与保养

学习目标

- 认识电梯门系统的组成；
- 熟悉电梯门系统的维保项目和注意事项；

- 掌握电梯门系统维护与保养的内容与要求；
- 养成良好的安全意识和职业素养。

任务描述

电梯故障及事故 80% 以上都发生在门系统上，日常保养时应对其进行认真检查和调整，电梯机械机构和电气联锁的好坏会直接影响电梯的运行。

通过本任务的学习，对电梯门系统的整体结构有基本的认识，进而掌握门系统的维护与保养和常见故障及排除办法。

知识链接

电梯门系统由层门和轿门组成。层门设在层站入口处，根据需要，井道在每层楼设 1 个或 2 个出入口，层门数与层站出入口相对应。轿门与轿厢一体，属于主动门，而层门属于被动门。

一、电梯保养的四个要素

定期的、系统性的保养有助于潜在故障点及磨损零部件的发现，能最大限度地减少电梯故障，进而延长零部件的寿命，保证电梯运行的高效率。电梯保养的重要性是确保电梯系统以最高的效率、最小的损耗，提供安全可靠的运行服务。

1. 清洁

电梯服务及保养的最重要的要素是日常清洁。肮脏多半是造成电梯故障的主要原因，在继电器触点或门锁处的一点点灰尘就有可能使电梯停止运行。通常，潜在的故障点及磨损的零件都能通过日常的清洁工作来发现，以防患于未然。

2. 检查

零部件的更换及修理是服务及保养的第二个最重要的任务。必须更换已磨损的零部件，以确保电梯持续安全地运行，使故障率降到最低。

3. 润滑

第三重要的保养工作是润滑。对任何机械设备来说，正确而系统的润滑可以把磨损程度减少到最低，以保证电梯的正常运行以及延长零部件的使用寿命。

4. 调整

最后的保养工作是调整。它与保持电梯清洁和润滑同样重要，是保证电梯处于最佳状态的最重要的要素之一。即使一台电梯保持清洁，各部件都得到了良好的润滑，磨损的零部件也被及时更换，但如果调整得不恰当，那么整个保养的目的就无法达到。

二、电梯门系统的组成

电梯的门系统主要由轿门、厅门组成。轿门为安装在轿厢上的门；厅门又叫层门，安装在每层的门洞上。

1. 轿门(开门机)

轿门主要由门机装置、门板、安全装置以及轿门地坎组成,如图3-4-8所示。门机装置为门系统的动力来源,通过它实现层门、轿门的开、关门动作。门机装置主要包括门机变频器、门电机和编码器、同步带、随行链、涨紧装置、门刀导轨及钢丝绳等,是电梯自动开关门的机械装置,一般装在轿厢顶部轿门附近。这种电动开关门机由开关门用电动机通过减速装置(齿轮传动或胶带传动)去带动曲柄摇杆机构或链条传动来带动门的开或关。

门电动机是驱动轿门和层门开启或关闭的装置。变频门电动机的机械系统分为两大部分,即轿门侧机械部分和厅门侧机械部分。轿门和厅门通过一种被称为"系合装置"的机械部件连接在一起,电动机拖动轿门运动,轿门通过"系合装置"带动厅门一起运动。

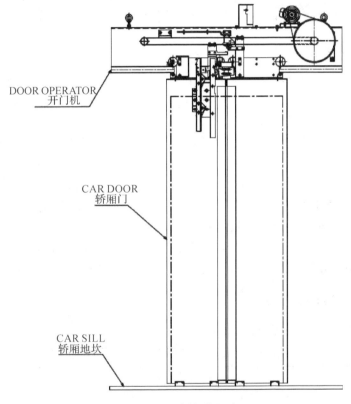

图3-4-8 轿门的组成

2. 层门(关门机)

层门系统是指安装在大楼内的候梯大厅,以及进入轿厢的井道开口处电梯设备的总称。层门系统由门套(门框)、地坎、门扇、关门机等组成,如图3-4-9所示。GB7588—2010规定层门入口的最小净高度为2米。

一般在井道的每一个停层站处都设有候梯厅层门,层门应安装有强制自闭装置、门电锁开关和门锁装置。当层门关上后门电锁开关接通,电梯才能启动。当轿厢不在开门区域运行但层门打开时,电梯会紧急停止。轿厢在开门区域上下200 mm位置时才能开门,有再平层功能的电梯全自动运行时在再平层区域上下60 mm门开着时会以1 m/min的速度自动再平层。

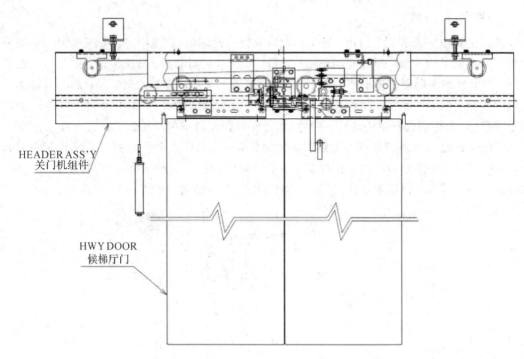

图 3-4-9 层门的组成

门锁是电梯重要的安全装置。门锁除了锁门，使层门只有用钥匙才能在层站外打开，还能起到电气联锁的作用。只有各层层门都被确认在关闭状态时，电梯才能启动运行；同时，在电梯运行中，任何一个层门被打开，电梯就会立即停止运行。最为常见的是机械门锁，它与垂直安装在轿门外侧顶部的门刀配合使用。停层时，门刀能准确地插入门锁的两个滚轮中间，通过门刀的横向移动打开或关闭门锁，并带动层门打开或关闭。

三、电梯门系统的保养项目

电梯门系统的保养内容如表 3-4-3 所示。

表 3-4-3　电梯门系统的保养内容

序号	保 养 内 容	时间
A.轿门		
1	门导轨清扫及加油，轿门地坎的清扫	半月
2	检查轿门垂直度和门滑块的安装情况	半月
3	检查门机位置开关，以及各种工作状态指示灯	半月
4	检查门吊轮的磨损情况，调整偏心轮	季度
5	检查门机马达的固定情况，以及皮带链条的张力	季度
6	检查门刀尺寸安全触板的固定情况，以及有无变形情况	季度

续表

序号	保养内容	时间
7	检查配线，润滑转动部位轴	季度
8	检查门光电装置有无光轴偏移及污损，以及接线端子是否松动	季度
	B. 层门	
1	清扫层门地坎、门道，更换磨损的滑块	半月
2	检查层门各尺寸螺丝的紧固状况	半月
3	检查外开门机构是否正常	半月
4	检查层门门轮磨损情况	半年
5	检查强制开门机构是否正常	半月

四、门系统的保养方法及标准

门系统的保养方法和具体要求如下：

1. 轿门的保养

（1）门扇平整、洁净，启动轻快、平稳。门关闭时，上下部同时合拢，门缝一致。

（2）门电动机安装螺栓牢固，各零部件运动灵活、可靠。

（3）检查开关门启动、减速是否平稳无卡阻，并且速度适中。

（4）检查开关门到位时有无碰撞声，如有异常应及时处理。

（5）检查门电动机传动链、带有无松弛和过度磨损。

（6）门刀、杠杆各传动部位应用油布擦净并加少量机油，确保其动作灵活。

（7）检查门各接线端子，确保标志和编号清晰，接线紧固，无氧化及腐蚀现象。

（8）检查轿门上坎、滑轮有无杂质，有无严重磨损现象；检查偏心轮运转是否灵活。

2. 层门的保养

（1）层门应平整正直，启闭应轻便灵活，无跳动、摇摆和噪声。门滑轮的滚珠轴承和其他磨损部分应定时加薄油润滑。

（2）层门门锁应灵活可靠，并定时做好润滑工作。当层门关闭时，应不能从外面开启。

（3）检查门锁时先清除尘垢，当门关闭后，核实活动的锁销在锁壳中啮合的可靠性。

（4）检查门触头在锁销的作用下接触的可靠性和裕度，检查触头和导线的连接情况，清除触头的积垢和烧蚀，应绝对消除门锁在和锁销脱离的情况下触头保持接通的可能性。

（5）门锁的转动和摩擦部分应予适当的润滑。

（6）应检查门锁电气触头在门打开时的绝缘情况。

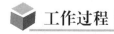 工作过程

【任务实施】门系统的日常维护与保养

一、实施目标

(1) 利用 VR 实训室的仿真软件对门系统的保养内容进行模拟实操，并完成考核。

(2) 能根据门系统的日常维护与保养要求，在实训车间对富士达 GLVF - II 电梯的门系统部分进行维护与保养。

(3) 培养良好的工作习惯和安全防护意识。

二、实施准备

(1) 电梯维护与保养 VR 仿真实训室。

(2) 富士达 GLVF - II 型教学实训电梯三部。

(3) 电梯维保人员安全设备及维保工具。

三、实施内容

(1) 通过 VR 仿真实操认识门系统的部件。

(2) 通过 VR 仿真实操熟悉门系统的维保流程及要求。

(3) 利用实训车间进行实际操作，掌握门系统维保的内容和要求。

四、实施步骤

1. 轿门的维护与保养

1) 门机马达的确认

(1) 异常声音：确认运转轴承处是否有异常声音。

(2) 运转状态：检查运转时是否正常，轴是否有震动。

(3) 皮带轮：检查皮带轮是否有裂缝，固定件是否脱落。

2) 门驱动装置的确认

检查各线缆是否有断线，是否从端子上脱落。

3) OTL·CTL 开关的确认

检查连接 OTL·CTL 开关的线缆是否有断线。

检查开关与检测板的距离是否为 2.5 ± 0.5 mm，确认 OTL·CTL 开关是否在离门全闭或全开位置 3～4 mm 处 LED 点灯，并根据需要适当调整检测板，如图 3 - 4 - 10 所示。

图 3 - 4 - 10　轿门的维保

4）安全触板

动作、松动的确认：检查安全触板微动开关是否保持在安装良好的状态，确认安全触板的动作状态良好；（安全触板缩进到 10 mm 时电器微动开关动作，使电机反转，可利用螺栓进行调整）检查安全触板的安装是否有松动现象，以及微动开关是否有松动状况；确认轿门半开时，安全触板伸出 30 mm。

线缆、安全触板线的确认：检查电线外皮是否有损坏，是否有断线现象，确认安全触板线的安装部位是否有损伤。

5）光幕装置及光电装置

检查连接线缆是否有损伤现象。

6）检查门刀

检查确认关门时门刀的间隙为 60±0.5 mm。可通过移动调整支架将间隙调整到 60±0.5 mm。调整门刀时，要保证门刀上下两端的间隙相等。

2. 层门的维护保养

1）门机护罩

（1）安装状态、污浊的确认。

（2）用手进行候梯厅门的开与关，确认关门器与钢丝绳的间隙正常。

（3）进行轿厢的低速上升和下降运转，确认轿厢门刀与门球之间的间隙正常。

（4）门机护罩是最容易有污浊的地方，每次保养时应进行必要的清扫。

2）层门连动部件

（1）钢丝绳的确认。检查钢丝绳的磨损、断线和安装状况，确认钢丝绳是否有伸长现象；在门开与关时确认是否从钢丝绳发出异音；确认钢丝绳的张力是否过强；检查连接处的螺栓、螺母是否有松动现象。

（2）滚轮的确认。检查滚轮的转动状态和安装状况，检查滚轮是否有破损现象；开与关时确认滚轮是否有异音，以及转动是否灵活。

3）层门导轨

（1）污浊、生锈的确认。如果门导轨污浊、生锈，会造成开关门不良的现象，所以应及时检查并清扫门导轨上、下端面上的污垢（特别是层门完全关闭后中间的滚轮处），为了防止生锈还应擦油保养。

（2）裂纹的确认。检查门吊架的弯曲部是否有裂纹；检查偏心轮和门导轨下面的间隙是否为 0.2～0.4 mm，若不是应及时调整，如图 3-4-11 所示。

图 3-4-11　层门的维保

4）门锁开关

（1）动作、安装状况的确认。

① 门锁钩的调整应满足门开时钩下部的间隙为 3 mm，门关闭时有 2.5 mm 的左右间隙，上下间隙 3 mm，锁啮合间隙不小于 7 mm。

② 在厅门闭合状态下电气主触点压下量为 2.5～3 mm，副触点闭合的量为 4～5 mm，触点动作时的中心偏差在 1.5 mm 内。同时，确保门被拉动时触点的可靠性，如图 3-4-12 所示。

图 3-4-12　门锁装置维保

（2）异音、滚轮状态的确认。检查动作是否有异音，以及滚轮的转动情况是否良好。

5）候梯层门

（1）门扇的确认。

① 吊装状态确认。检查门导靴有无摩擦现象，以及门的吊装状态是否良好。

② 污浊、破损确认。确认是否有污浊、破损现象。

（2）导靴的确认。

① 确认门导靴的树脂、橡胶是否有变形、磨损或欠缺现象。

② 确认门导靴是否与地坎相摩擦，以及吊装状况是否良好。

③ 确认导靴是否粘有脏物。

（3）老化、损伤、安装状况的确认。

① 检查门缘橡胶是否有老化、脱落现象。

② 如果对老化等现象放任不管，将会造成故障的发生，因而在检查时应进行确认，若有此现象应及时更换相应部件。

（4）门自闭力的确认。

① 候梯层门在完全关闭的状态需要一定的自闭力，如果自闭力不足会造成意外事故，应特别注意。从完全关闭状态用手打开 10～15 mm 后放开，检查确认其是否可自闭。

② 如果不能完全关闭应首先检查门轨表面是否干净，给门连动轮轴注油，确认关门重铊是否与导管摩擦（或检查弹簧张力是否足够），检查是否因门吊装不良而导致门导靴与地坎槽摩擦。

③ 确认上述情况后，为使门能够自闭，应进行再次调整。

（5）地坎、门套的确认。

① 检查地坎槽内是否有尘埃等脏物。

② 检查门套是否损伤，是否污浊。

 任务评价

完成上述任务后，认真填写表 3-4-4 所示的"电梯的基础维护与保养评价表"。

表 3-4-4　电梯的基础维护与保养评价表

组别			小组负责人	
成员姓名			班级	
课题名称	门系统的维护与保养		实施时间	
评价指标	配分	自评	互评	教师评
按要求穿着工作服、劳保鞋，戴安全帽	5			
轿顶操作是否系好安全带	10			
按要求规范使用工具	5			
轿门检修操作是否规范	20			
层门检修操作是否规范	20			
开关门装置检修操作是否规范	20			
学习态度认真，注重团队协作	10			
严格遵守课堂学习纪律	10			
总　计	100			
教师总评（成绩、不足及注意事项）				
综合评定等级（个人 30%，小组 30%，教师 40%）				

 任务练习

1. 安全触板继电器安装在什么部件上？

2. 关门行程 1/3 后，组织关门的力应不超过多少 N？

3. 联锁回路在电气上实现的方法是什么？

4. 层门的自动门锁具有哪些功能？

任务小结

本任务的要点如下：

(1) 电梯门系统的组成。

（2）电梯门系统的日常维护与保养内容。

（3）电梯门系统保养的方法与要求。

（4）养成良好的工作习惯和安全意识。

 **任务拓展**

阅读材料——为何人一进电梯就变安静？

台湾心理咨询师郭瑞指出，按了电梯按钮之后，等待的这段时间考验着一个人的耐心。在门口踱步的人，反映出敏感的神经，频繁按按钮的人多是急性子，是讲究效率和更易情绪化的映射，而只盯着电梯楼层安静等待的人，则较理性、稳重。

郭瑞指出，美国北卡罗来纳州立大学做了一项研究，发现在电梯内会因为人数变化而有着不同形式的站法，一个人可以随意站，两个人时呈现对角线站立，三人时呈三角形分布，四人则各自站一个角落，以此最大限度地保持彼此间的距离，就像骰子上的点位一样。这是因为心理距离的存在，也就是心理上的警觉。

心理学家海杜克认为，"每个人周围都有一个'气泡状空间'，大小大概是前后一米左右"，当乘坐电梯时，这种私人空间被打破，人们会感到不自在，不自觉地会离他人尽量远，站到角落去。

多数人进入电梯后的规矩很简单，调整站位，仰望天花板，看手机或是看显示的楼层数，并保持一致的动作，不讲话，不对视，如图3-4-13所示。这是因为在狭小的电梯空间里，几个人形成一个小群体，人们为了避免与群体发生冲突而产生心理压力，不得不遵守相同的规范，拒绝交流。

图3-4-13 安静的电梯

密闭沉默的空间会加剧压抑感，人们会避免视觉接触，看天花板和楼层数字则是一种压力转移和自我逃离期望。跳动的楼层数字有"不断解放"的意味，一定程度上可以缓解焦虑；看手机则是把自己包裹在独立的空间内，寻找自我安全感。

任务三　安全保护系统的维护与保养

学习目标

- 认识电梯安全保护系统的组成；
- 熟悉安全保护系统的维保项目和注意事项；
- 掌握安全保护系统维护与保养的内容与要求；
- 养成良好的安全意识和职业素养。

任务描述

　　电梯是频繁载人的垂直运输工具，必须有足够的安全性。电梯的安全，首先是对人员的保护，同时也要对电梯本身和所载物资以及安装电梯的建筑物进行保护。电梯上有许多安全保护装置，它们共同构成了电梯的安全保护系统。通过本任务，我们来学习电梯安全保护系统的组成和维保内容。

知识链接

　　为了确保电梯运行的安全，在设计时设置了多种机械、电气安全装置，如超速保护装置——限速器、安全钳，超越行程的保护装置——强迫减速开关、终端限位开关，这些装置共同组成了电梯安全保护系统，以防止任何不安全的情况发生。同时，电梯的维护和使用必须随时注意，随时检查安全保护装置的状态是否正常有效。很多电梯事故就是由于未能及时发现电梯状态不良，或未能及时维护检修，或不正确使用而造成的。

一、底坑维保安全操作的要求

　　(1) 必备的工具：厅门钥匙、手电筒。

　　(2) 打开厅门，使厅门固定，将门关至最小开启位置，按外呼键验证厅门回路有效。

　　(3) 设置好厅门安全警示障碍/护栏，将电梯开至最底层，在电梯内分别按下两个楼层的内呼按钮，把电梯停到上一层；检查乘客是否被全部疏散。

　　(4) 打开厅门，按下"急停"开关，关闭厅门，按外呼按钮，验证"急停"开关是否有效。

　　(5) 打开厅门，打开照明开关(如果有照明开关)，将厅门固定在开启位置，沿爬梯进入底坑。

　　(6) 将厅门可靠固定在最小的开启位置，开始进行底坑工作。

　　注意：在上述验证的步骤中，验证的等待时间至少为30秒。如电梯尚未安装外呼按钮，或是群控电梯，可由两名员工互相沟通，一人在轿厢内通过按内呼按钮的方法来验证安全回路的有效性。如发现任何安全回路失效，应立即停止操作，先修复电梯故障。如不能立即修复，则须将电梯断电、上锁、设标签。

　　(7) 打开厅门，将厅门固定在开启位置。

（8）沿爬梯爬出底坑，关闭照明开关，将"急停"开关复位。

（9）关闭厅门。

（10）确认电梯恢复正常。

二、安全系统的组成

（1）超速（失控）保护装置：限速器、安全钳。

（2）终端限位保护装置：强迫减速开关、限位开关、极限开关，上述三个开关分别起到强迫减速、切断控制电路、切断动力电源三级保护。

（3）撞底（与冲顶）保护装置：缓冲器。

（4）层、轿门门锁电气联锁装置：确保门不可靠关闭，电梯不能运行。

（5）近门安全保护装置：层、轿门光电或超声波检测装置、安全触板等，保证关门时不夹伤乘客或货物，受阻时保持开门状态。

（6）电梯不安全运行防止系统：轿厢超载控制、限速器断线开关、安全钳误动作开关、轿顶安全窗和轿厢安全门开关等。

（7）报警装置：轿厢内呼救警铃、电话等。

1. 限速器

限速器随时监测电梯运行速度，出现超速时及时发出信号，继而产生机械动作。限速器被触发后，先切断控制电路，利用曳引机制停轿厢；若无效则进一步触发安全钳（夹绳器），将轿厢强制制停或减速。由此可见，限速器是指令发出者而并非命令执行者。

限速器装置由限速器、限速器绳及绳头、绳张紧装置等组成，如图 3-4-14 所示。限速器多安装于机房，限速器绳绕过限速器绳轮，穿过机房地板上的限速器绳孔，竖直贯穿井道总高，延伸至底坑中限速器绳张紧轮并形成回路，限速器绳绳头连接到轿厢顶的连杆系统，并通过操纵拉杆与安全钳相连。

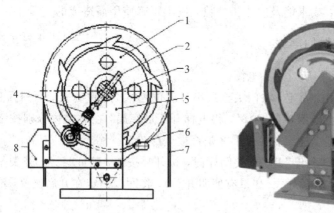

下摆杆凸轮棘爪式限速器

1—制动轮；2—拉簧调节螺钉；3—制动轮轴；4—调速弹簧；

5—支座；6—摆杆；7—限速器绳；8—超速开关

图 3-4-14　限速器的组成

2. 安全钳

安全钳是在限速器操纵下，在电梯超速、断绳等故障发生时，将轿厢制停并夹持在导轨上的一种安全装置，如图 3 - 4 - 15 所示。安全钳对电梯的安全运行提供了有效的保护作用，一般将其安装在轿厢架或对重架上。

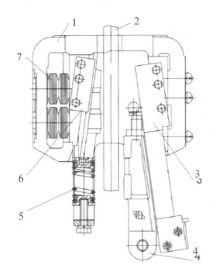

楔块型渐进式安全钳(碟簧)
1—安全钳体；2—导轨；3—提拉楔块盖板；
4—提拉楔块；5—楔块复位弹簧；6—盖板；7—碟簧

图 3 - 4 - 15　安全钳的组成

3. 缓冲器

电梯在运行中，由于安全钳失效、曳引轮槽摩擦力不足、抱闸制动力不足、曳弓机出现机械故障、控制系统失灵等原因，轿厢(或对重)可能会超越终端层站底层，并以较高的速度撞底或冲顶。此时由缓冲器起到缓冲作用，以避免电梯轿厢(或对重)直接撞底或冲顶，保护乘客或运送货物及电梯设备的安全。缓冲器的组成如图 3 - 4 - 16 所示。

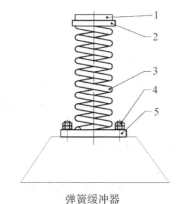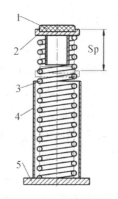

弹簧缓冲器
1—缓冲橡胶；2—上缓冲座；3—缓冲弹簧；
4—地脚螺栓；5—弹簧座

带导套弹簧缓冲器
1—缓冲橡胶；2—上缓冲座；3—弹簧；
4—外导管；5—弹簧座

图 3 - 4 - 16　缓冲器的组成

4. 终端限位保护装置

终端限位保护装置的功能是防止由于电梯电气系统失灵,轿厢到达顶层或底层后仍继续行驶(冲顶或撞底),造成超限运行的事故。此类限位保护装置主要由强迫减速开关、终端限位开关、终端极限开关及相应的碰板、碰轮和联动机构组成,如图3-4-17所示。

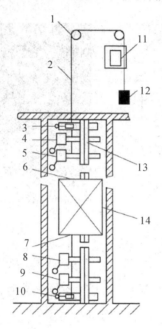

1—导轨;2—钢丝绳;3—极限开关上碰轮;4—上限位开关;5—上强迫减速开关;
6—上开关打板;7—下开关打板;8—下强迫减速开关;9—下限位开关;
10—极限开关下碰轮;11—终端极限开关;12—张紧配重;13—导轨;14—轿厢

图3-4-17 终端限位保护装置的组成

三、电梯常见故障

电梯出现紧急故障,电梯系统相关部位的安全开关就会被触发,进而切断电梯控制电路,曳引机制动器动作,制停电梯。曳引绳断裂,轿厢沿井道坠落,到达限速器动作速度时,限速器触发安全钳动作,制停轿厢。轿厢超越终端层站,触发强迫减速开关减速;如无效,则触发限位开关,切断控制线路使曳引机制停;若仍无效,则采用机械方法强行切断电源,使曳引机断电,制动器动作制停。

曳引钢丝绳在曳引轮上打滑,轿厢超速导致限速器动作触发安全钳,将轿厢制停;如果轿厢速度未达到限速器触发速度,轿厢将触及缓冲器减速制停。

其他安全装置有轿顶安全护栏、轿厢护脚板、坑底对重侧防护栏等设施。电梯安全保护系统一般由机械安全装置和电气安全装置两大部分组成,机械安全装置也需要电气方面的配合和联锁,才能保证电梯运行安全可靠。

轿厢超载后,超载开关被触发,切断控制电路,导致电梯无法起动运行。安全窗、安全门、层门或轿门未能可靠锁闭,控制电路无法接通,电梯在运行中紧急停车或无法起动。电梯故障的保护流程如图3-4-18所示。

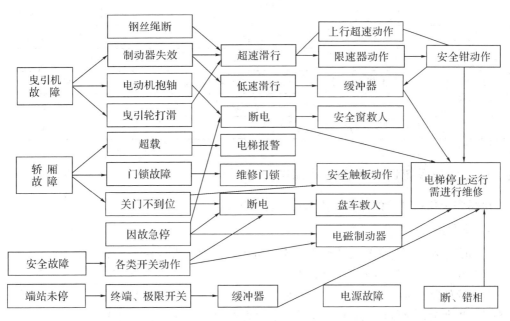

图 3-4-18 电梯故障的保护流程图

四、安全保护系统的保养项目

电梯安全保护系统的保养内容如表 3-4-5 所示。

表 3-4-5 电梯安全保护系统的保养内容

序号	保养内容	时间
A. 环境		
1	检查底坑有无渗漏水,清扫污物	半月
2	检查有无特殊气味,安全照明是否正常	半月
3	检查开关盒的固定,有无弯曲变形以及相关尺寸是否合适	半月
4	检查开关轮的磨损情况,轮子的行程及触点的磨损	季度
B. 限速器		
1	检查轴、销的润滑状况,以及接线端子的紧固状态和触点动作情况	半月
2	检查制动盘的动作灵活性	半月
3	检查夹绳钳口部位的清洁状况,及时清除污垢使之动作可靠	半月
4	检查钢丝绳槽的磨损情况,以及超速开关动作的可靠性	半年
5	检查限速器钢丝绳夹子的安装情况及松弛情况	半月
6	检查张紧轮及开关动作情况	半月
7	检查张紧轮绳槽磨损情况	半年

序号	保养内容	时间
	C. 安全钳	
1	检查安全钳装置是否紧固，以及夹块与导靴的间隙	半月
	D. 缓冲器	
1	检查缓冲器的固定及开关动作情况	半月

五、安全保护系统的保养方法及标准

电梯安全保护系统的保养方法和具体要求如下：

1. 限速器

（1）限速器上下部装置的旋转部分至少每半月加油一次，每年清洗换油一次。

（2）限速器钢丝绳不允许上油，以防打滑。

（3）确认限速器动作的可靠性。如果使用甩块式刚性夹持式限速器，要检查其动作的可靠性，当夹绳钳离开限速器时，注意检查限速器钢丝绳有无损坏现象。

（4）确认限速器运转是否灵活可靠。限速器运转时声音应轻微、均匀，绳轮运转没有时松时紧的现象。

（5）一般检查方法为先在机房听、看，如发现限速器转动不均匀或有异常声音，说明限速器有问题，应及时找出原因，并进行调整或检修，以排除隐患。

（6）检查限速器钢丝绳和绳套有无断丝、折曲、扭曲和压痕。检测方法是：在司机慢速开动电梯在井道内运行的全过程中，在机房仔细观察限速器的钢丝绳。发现问题后，如果可以继续使用的，必须做好记录，并用油漆做好标记，作为今后重点检查的位置；如钢丝绳和绳套必须更换时，应立即停梯更换。

2. 限速器张紧轮

（1）限速器的张紧装置应工作正常，绳轮和导向装置的润滑应保持良好，每半个月加一次润滑油，每年清洗一次。

（2）确认张紧装置的搭板与断绳开关的接触良好，必要时可调节其断绳开关附件和绳轮部件。

3. 缓冲器

（1）清洁缓冲器表面灰尘和污垢，保持清洁，并涂上防锈油脂。

（2）检查缓冲器有无漏油现象，使用油位规检查油位是否合适，如油位低，则要及时补充。

（3）检查缓冲器表面是否有锈蚀和油漆脱落，如有，需及时除锈并补漆。

（4）检查液压油缸壁和活塞柱是否有污垢，清洁其表面，使其保持清洁。

（5）检查顶端胶垫是否完好，查看并紧固好缓冲器与底坑下面的固定螺栓，防止松动。

（6）检查活塞是否有 50～100 mm 的活动范围，以及电气开关装置是否正常动作。

4. 终端限位保护装置

（1）清洁强减速开关、限位开关、极限开关。

（2）检查强减速开关、限位开关、极限开关动作是否灵活可靠。

（3）检查强减速开关、限位开关、极限开关之间的安装距离是否符合要求。

（4）轿厢外侧面的撞弓板装置应与各限位开关之间的动作协调可靠。

（5）限位开关与碰板作用时应全面接触，沿碰板运行全过程中，开关触必须动作且不会过度受压。

（6）限位开关和极限开关的动作应灵活可靠。轿厢低速运行，当轿厢到达上或下端站时，应能不借助操纵装置的作用，自动将轿厢制停（用手触动开关，检查轿厢是否停止）；同时，因极限开关动作使电梯停止后应不能再向原方向启动，只能向相反方向开动。

（7）检查限位和极限开关时，应先拭去尘垢，将盖子开启；然后，核实触点接触的可靠性，弹性触头的压缩裕度；再将触头表面的积垢和烧灼部分用细砂布擦清，转动和摩擦部位可用钙基润滑脂润滑。

5. 安全钳

（1）限速器、安全钳的联动试验。试验方法为：轿厢空载，从一层开始，以检修速度下行；人为让限速器动作，使连接安全钳的拉杆提起，此时轿厢应停止下降，限速器开关同时动作，切断控制回路的电源；松开安全模块，使轿厢慢速向上行驶，此时导轨有被卡住的痕迹，且痕迹应对称、均匀。试验后，用手砂轮、锉刀、油石、砂布等应将导轨上的卡痕打磨光滑。

（2）检查安全钳的操纵机构和制停机构中所有构件是否完整无损和灵活可靠。

（3）检查安全钳钳座和钳块部分有无裂损及油污（检查时，维保人员先进入底坑安全区域，然后将轿厢行驶至底坑端站附近）。

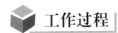 **工作过程**

【任务实施】安全保护系统的日常维护与保养

一、实施目标

（1）利用 VR 实训室的仿真软件对安全保护系统的保养内容进行模拟实操，并完成考核。

（2）能根据安全保护系统的日常维护与保养要求，在实训车间对富士达 GLVF - Ⅱ 电梯的安全保护系统部分进行维护与保养。

（3）培养良好的工作习惯和安全防护意识。

二、实施准备

（1）电梯维护保养 VR 仿真实训室。

（2）富士达 GLVF - Ⅱ 型教学实训电梯三部。

（3）电梯维保人员安全设备及维保工具。

三、实施内容

（1）通过 VR 仿真实操认识电梯安全系统的部件。

（2）通过 VR 仿真实操熟悉电梯安全系统维保的流程及要求。

（3）利用实训车间进行实际操作，掌握电梯安全保护系统维保的内容和要求。

四、实施步骤

1. 安全保护装置的维护与保养

1）环境确认

（1）确认底坑内限速器张紧轮、缓冲器、补偿装置等设备的外观。

（2）确认底坑内有无积水、散落的烟蒂及干涉电梯运行的物体和不属于电梯的设备。

（3）根据大楼用途的不同，清扫周期可灵活改变，原则上3个月清扫一次；当底坑垃圾较多时，则1个月清扫一次。

（4）确认底坑内各安全开关的动作状态。

（5）确认检修盒固定是否良好，插座、开关功能是否正常。

（6）确认底坑照明和开关是否正常。

（7）确认井道照明是否正常，如不能正常使用，应尽快进行处理恢复。

2）限速器的确认

（1）确认限速器合格证是否在有效期内。

（2）对各支撑部件进行加油，确认是否松动，确保各部分不与绳部导向管碰擦。

（3）确认限速器及其附件有无损坏和变形。

（4）确认限速器的 V 型槽有无磨损，检查限速绳有无磨损。如有磨损，应立即进行更换（磨损量超过标准值的 7% 时）。

（5）检查限速器以及张紧装置的各运动部分，保证其动作灵活，同时清除异物和灰尘，并予以润滑。

（6）检查限速器绳轮和张紧轮的绳槽，确认摩擦片清洁无异物，检查连动部件是否破损，如有破损必须更换。

（7）确认限速器钢丝绳是否有扭曲、裂纹、磨损等现象。

（8）检查钢丝绳表面的油污、生锈情况，若有应及时清理，绝对不准用水、洗洁精等清洗钢丝绳。

3）张紧轮的确认

（1）确认限速器张紧轮与底坑地面的距离是否在规定范围之内，确认张紧装置的离地距离是否符合规范距离：

- 0.25～1.00 m/s 为 400±50 mm
- 1.50～1.75 m/s 为 550±50 mm
- 2.00～3.00 m/s 为 750±50 mm

（2）不符合安全时，调整支架位置或考虑剪短限速器钢丝绳。

（3）确认限速器张紧轮开关和碰铁的间隙距离是否正常。

（4）确认开关和挡杆距离在 50 mm 以上，不足时需调整。

（5）新安装电梯或更换限速绳后，受钢丝绳伸长的影响，开关与碰铁间隙变化会很大。

（6）限速器钢丝绳受天气变化的影响也非常大，在季节变化时需特别注意，如间隙过小将造成开关的频繁动作，导致不必要的关人故障。

（7）确认限速器张紧轮是否存在异常响声。

4）安全钳的确认

（1）确认安全钳及联动机构部位齐全。

（2）确认安全钳及联动机构无过量磨损，如果有，需要及时上报情况并更换零件。

（3）测量安全钳各楔块与导轨间距，看是否均匀，如图 3-4-19 所示。

图 3-4-19　安全钳的保养

（4）确认安全钳各部位无油污，如有需要及时清洁。

（5）清洁安全钳所有活动销轴、拉杆、弹簧。

（6）使用钙基润滑油润滑安全钳钳嘴，使用 N46 普通机油润滑安全钳拉条转轴处。

（7）确认双侧渐进型两侧间隙均为 5 ± 0.5 mm。

（8）确认安全钳开关动作良好，开关外观、线缆无破损老化。

5）缓冲器的确认

（1）检查底坑内有无漏水、积水，使其保持干净。

（2）如果底坑有积水，需要及时清理，必要时对周壁进行清扫。

（3）确认油压缓冲器柱塞是否生锈。

（4）确认缓冲器油面是否到达规定刻度或符合要求。

（5）确认缓冲器被完全压缩后，从放开到复位的时间 120 秒以内。

（6）确认缓冲器开关动作是否正常，油位在标尺范围内垂直度不大于 0.5/1000。

（7）测量轿厢在顶层平层位置停止时，对重框底与缓冲器之间的间隙，并确认其大于上升极限开关与最终极限开关之距离，如图 3-4-20 所示。

图 3-4-20　缓冲器的保养

（8）测量轿厢在底层平层位置停止时，轿厢底与缓冲器之间的间隙，并确认其大于下降极限开关与最终极限开关之距离。

6）终端限位保护装置的确认

（1）确认缓速开关、限位开关、极限开关的动作状况及位置是否正常。

（2）用手轻轻转动限位开关及缓速开关的各个滚轮，确认其转动状态，在各滚轮轴承部位少量加油，并将多余油渍擦除干净。

（3）当滚轮转动不灵活时，加油并确认其旋转状态。无法调整时，调换限位及缓速开关。

（4）当滚轮有龟裂、剥离、明显磨损时，应及时调换。

（5）确认限位开关的支架是否松动，开关撞弓有无松动。

（6）通过运行轿厢确认各开关动作位置在规定范围内。

（7）确认缓速开关动作距离符合工厂出厂设计要求。

（8）确认限位开关动作距离为超过终端层 50 mm。

（9）确认极限开关动作距离为超过终端层 200 mm。

 任务评价

完成上述任务后，认真填写表 3-4-6 所示的"电梯的基础维护与保养评价表"。

表 3-4-6 电梯的基础维护与保养评价表

组别			小组负责人	
成员姓名			班级	
课题名称	安全保护系统的维护与保养		实施时间	
评价指标	配分	自评	互评	教师评
按要求穿着工作服、劳保鞋，戴安全帽	5			
轿顶操作是否系好安全带	10			
按要求规范使用工具	5			
限速器及张紧轮的确认及检查	20			
缓冲器的润滑、调整和清洁	20			
安全钳的测量与紧固	20			
学习态度认真，注重团队协作	10			
严格遵守课堂学习纪律	10			
总　　计	100			
教师总评 （成绩、不足及注意事项）				
综合评定等级（个人 30%，小组 30%，教师 40%）				

任务练习

1. 电梯安全保护系统的基本组成是什么？
2. 限速器的功能是什么，有几种常见的结构形式？
3. 安全钳的功能是什么，它如何与限速器配合使用？
4. 为什么要在轿厢上装设上行超速保护装置？
5. 安全钳的种类有几种？各种安全钳的使用速度范围是多少？
6. 缓冲器的功能是什么？
7. 还有哪些安全保护装置，它们分别起什么作用？

任务小结

本任务的要点如下：
（1）电梯安全保护系统的组成。
（2）电梯安全保护系统的日常维护与保养内容。
（3）电梯安全保护系统保养的方法与要求。
（4）良好的工作习惯和安全意识。

任务拓展

阅读材料——电梯半月维护保养项目（内容）和要求

电梯半月维护保养项目和要求如表 3-4-7 所示。

表 3-4-7　半月维护保养项目（内容）和要求

序号	维护保养项目（内容）	维护保养基本要求
1	机房、滑轮间环境	清洁，门窗完好，照明正常
2	手动紧急操作装置	齐全，在指定位置
3	驱动主机	运行时无异常振动和异常声响
4	制动器各销轴部位	动作灵活
5	制动器间隙	打开时制动衬与制动轮不发生摩擦，间隙值符合制造单位要求
6	制动器制停子系统的自监测	制动力人工方式检测符合使用维护说明书要求；制动力自监测系统有记录
7	编码器	清洁，安装牢固
8	限速器各销轴部位	润滑，转动灵活；电气开关正常

序号	维护保养项目（内容）	维护保养基本要求
9	层门和轿门旁路装置	工作正常
10	紧急电动运行	工作正常
11	轿顶	清洁，防护栏安全可靠
12	轿顶检修开关、停止装置	工作正常
13	导靴上油杯	吸油毛毡齐全，油量适宜，油杯无泄漏
14	对重/平衡重块及其压板	对重/平衡重块无松动，压板紧固
15	井道照明	齐全，正常
16	轿厢照明、风扇、应急照明	工作正常
17	轿厢检修开关、停止装置	工作正常
18	轿内报警装置、对讲系统	工作正常
19	轿内显示、指令按钮、IC 卡系统	齐全，有效
20	轿门防撞击保护装置（安全触板，光幕、光电等）	功能有效
21	轿门门锁电气触点	清洁，触点接触良好，接线可靠
22	轿门运行	开启和关闭工作正常
23	轿厢平层准确度	符合标准值
24	层站召唤、层楼显示	齐全，有效
25	层门地坎	清洁
26	层门自动关门装置	正常
27	层门门锁自动复位	用层门钥匙打开手动开锁装置，释放后，层门门锁能自动复位
28	层门门锁电气触点	清洁，触点接触良好，接线可靠
29	层门锁紧元件啮合长度	不小于 7 mm
30	底坑环境	清洁，无渗水、积水，照明正常
31	底坑停止装置	工作正常

项目五　工业机器人的维护与保养

模块三　项目五

任务一　工业机器人的日常维护

 学习目标

- 了解工业机器人的组成；
- 掌握工业机器人维护的相关知识。

任务描述

通过本任务的学习，认识工业机器人的组成部分，掌握工业机器人的日常维护。

 知识链接

工业机器人是面向工业领域的多关节机械手或多自由度的机器装置，它能自动执行工作，是靠自身动力和控制能力来实现各种功能的一种机器。工业机器人可以接受人类指挥，也可以按照预先编排的程序运行，现代的工业机器人还可以根据人工智能技术制定的原则纲领行动。可以说，工业机器人的出现是为了解放人工劳动力，提高企业生产效率。图3-5-1所示为常见工业机器人。

图3-5-1　常见工业机器人

一、工业机器人组成简介

工业机器人的基本组成结构是实现工业机器人功能的基础，下面让我们一起来看一下工业机器人组成结构。

现代工业机器人大部分都是由三大部分和六大系统组成，即机械部分（驱动系统、机械结构系统）、感受部分（感受系统、工业机器人-环境交互系统）、控制部分（人机交互系统、控制系统）。

1. 机械部分

机械部分是工业机器人的血肉组成部分，也就是我们常说的工业机器人本体部分。这部分主要可以分为以下两个系统：

1）驱动系统

要使工业机器人运行起来，需要在各个关节安装传感装置和传动装置，这就是驱动系统。它的作用是提供工业机器人各部分、各关节动作的原动力。驱动系统传动部分可以是液压传动系统、电动传动系统、气动传动系统，或者是几种系统结合起来的综合传动系统。

2）机械结构系统

工业机器人机械结构主要由四大部分构成，即机身、臂部、腕部和手部，每一个部分都具有若干的自由度，构成一个多自由的机械系统。末端操作器是直接安装在手腕上的一个重要部件，它可以是多手指的手爪，也可以是喷漆枪或者焊具等作业工具。

2. 感受部分

感受部分就好比人类的五官，为工业机器人工作提供感觉，使工业机器人的工作过程更加精确。这部分主要可以分为以下两个系统：

1）感受系统

感受系统由内部传感器模块和外部传感器模块组成，用于获取内部和外部环境状态中有意义的信息。智能传感器可以提高工业机器人的机动性、适应性和智能化水准。对于一些特殊的信息，传感器的灵敏度甚至可以超越人类的感觉系统。

2）工业机器人-环境交互系统

工业机器人-环境交互系统是实现工业机器人与外部环境中的设备相互联系和协调的系统。工业机器人与外部设备集成为一个功能单元，如加工制造单元、焊接单元、装配单元等，也可以是多台工业机器人、多台机床设备或者多个零件存储装置集成为一个能执行复杂任务的功能单元。

3. 控制部分

控制部分相当于工业机器人的大脑部分，可以直接或者通过人工对工业机器人的动作进行控制。控制部分也可以分为以两个系统：

1）人机交互系统

人机交互系统是使操作人员参与工业机器人控制，并与工业机器人进行联系的装置，例如计算机的标准终端、指令控制台、信息显示板、危险信号警报器、示教盒等。简单来说，该系统可以分为两大部分：指令给定系统和信息显示装置。

2）控制系统

控制系统主要是根据工业机器人的作业指令程序，以及从传感器反馈回来的信号支配的执行机构去完成规定的运动和功能。根据控制原理，控制系统可以分为程序控制系统、适应性控制系统和人工智能控制系统三种。根据运动形式，控制系统可以分为点位控制系统和轨迹控制系统两大类。

通过这三大部分六大系统的协调作业，使工业机器人成为一台高精密度的机械设备，具备工作精度高、稳定性强、工作速度快等特点，为企业提高生产效率和产品质量奠定了基础。

二、工业机器人设备的维护与保养方法

1. 设备维护保养要求

通过擦拭、清扫、润滑、调整等一般方法对设备进行护理，以维持和保护设备的性能和技术状况，称为设备维护保养。工业机器人设备维护保养的要求主要有以下四项：

（1）保持清洁。要保证设备内外整洁，各滑动面、丝杠、齿条、齿轮箱、油孔等处无油污，各部位不漏油、不漏气，设备周围的切屑、杂物、脏物要清扫干净。

（2）放置整齐。工具、附件、工件（产品）要放置整齐，管道、线路要有条理。

（3）润滑良好。按时加油或换油，不断油，无干摩现象，油压正常，油标明亮，油路畅通，油质符合要求，清洁油枪、油杯、油毡。

（4）安全操作。遵守安全操作规程，不超负荷使用设备，设备的安全防护装置齐全可靠，及时消除不安全因素。

设备的维护保养内容一般包括日常维护、定期维护、定期检查和精度检查，设备润滑和冷却系统维护也是设备维护保养的一个重要内容。

设备的日常维护保养是设备维护的基础工作，必须做到制度化和规范化。对设备的定期维护保养工作要制定工作定额和物资消耗定额，并按定额进行考核，且应纳入车间承包责任制的考核内容。设备定期检查（又称定期点检）是一种有计划的预防性检查，检查的手段除人的感官以外，还要有一定的检查工具和仪器，要按定期检查卡执行。对机械设备还应进行精度检查，以确定设备实际精度的优劣程度。

2. 设备维护规程

设备维护应按维护规程进行。设备维护规程是对设备日常维护方面的要求和规定，坚持执行设备维护规程，可以延长设备使用寿命，保证安全、舒适的工作环境。设备维护规程的主要内容应包括以下内容：

（1）设备要达到整齐、清洁、坚固、润滑、防腐、安全等的作业内容、作业方法，使用的工器具及材料要达到的标准及注意事项。

（2）日常检查维护及定期检查的部位、方法和标准。

（3）检查和评定操作工人维护设备程度的内容和方法等。

三、工业机器人设备的三级保养制

三级保养制度是 20 世纪 60 年代中期开始，我国在总结并实践前苏联计划预修制的基础上，逐步完善和发展起来的一种保养修理制。它体现了我国设备维修管理的重心由修理向保养的转变，反映了我国设备维修管理的进步且更加明确了以预防为主的维修管理方针。

三级保养制的内容包括：设备的日常维护保养、一级保养和二级保养。三级保养制是以操作者为主，对设备进行以保为主、保修并重的强制性维修制度。三级保养制是依靠群众充分发挥群众的积极性，实行群管群修，专群结合，搞好设备维护保养的有效办法。

1. 工业机器人设备的日常维护保养

设备的日常维护保养一般有日保养和周保养，又称日例保和周例保。

1）日例保

日例保由设备操作工人当班进行，认真做到班前四件事、班中五注意和班后四件事。

（1）班前四件事：消化图样资料，检查交接班记录；擦拭设备，按规定润滑加油；检查手柄位置和手动运转部位是否正确、灵活，安全装置是否可靠；低速运转检查传动是否正常，润滑、冷却是否畅通。

（2）班中五注意：注意运转声音，设备的温度、压力、液位、电气、液压、气压系统，仪表信号，安全保险是否正常。

（3）班后四件事：关闭开关，所有手柄放到零位；清除铁屑、脏物，擦净设备导轨面和滑动面上的油污，并加油；清扫工作场地，整理附件、工具；填写交接班记录和运转台时记录，办理交接班手续。

2）周例保

周例保由设备操作工人在每周末进行，保养时间为：一般设备 2 h，精、大、稀设备 4 h。

（1）外观：擦净设备导轨、各传动部位及外露部分，清扫工作场地，达到内外洁净无死角，无锈蚀，周围环境整洁。

（2）操纵传动：检查各部位的技术状况，紧固松动部位，调整配合间隙；检查互锁、保险装置，达到传动声音正常、安全可靠。

（3）液压润滑：清洗油线、防尘毡、滤油器，油箱添加油或换油；检查液压系统，达到油质清洁，油路畅通，无渗漏，无研伤。

（4）电气系统：擦拭电动机、蛇皮管表面，检查绝缘、接地，达到完整、清洁、可靠。

2. 工业机器人一级保养

一级保养是以操作工人为主，维修工人协助，按计划对设备局部拆卸和检查，清洗规定的部位，疏通油路、管道，更换或清洗油线、毛毡、滤油器，调整设备各部位的配合间隙，紧固设备的各个部位。一级保养所用时间为 4~8 h。

一保完成后应做记录并注明尚未清除的缺陷，车间机械员组织验收。一保的范围应是企业全部在用设备，对重点设备应严格执行。一保的主要目的是减少设备磨损，消除隐患，延长设备使用寿命，为完成到下次一保期间的生产任务在设备方面提供保障。

3. 工业机器人二级保养

二级保养是以维修工人为主，操作工人参加来完成。二级保养列入设备的检修计划，对设备进行部分解体检查和修理，更换或修复磨损件，清洗、换油、检查、修理电气部分，使设备的技术状况全面达到规定设备完好标准的要求。二级保养所用时间为 7 天左右。

二保完成后，维修工人应详细填写检修记录，由车间机械员和操作者验收，验收单交设备动力科存档。二保的主要目的是使设备达到完好标准，提高和巩固设备完好率，延长大修周期。

实行三级保养制，必须使操作工人对设备做到"三好""四会""四项要求"，并遵守"五项纪律"。三级保养制突出了维护保养在设备管理与计划检修工作中的地位，把对操作工人"三好""四会"的要求更加具体化，提高了操作工人维护设备的知识和技能。三级保养制突破了原苏联计划预修制的有关规定，改进了计划预修制中的一些缺点，更切合实际。我国在三级保养制的推行中还学习吸收了军队管理武器的一些做法，并强调了群管群修。三级保养制在我国企业取得了良好的效果和经验，由于三级保养制的贯彻实施，有效地提高了企业设备的完好率，降低了设备故障率，延长了设备大修周期，降低了设备大修费用，取得了较好的技术经济效果。

四、工业机器人使用维护要求

1. 四定工作

(1) 定使用人员：按定人定机制度，精、大、稀设备的操作工人应选择本工种中责任心强、技术水平高且实践经验丰富者，并尽可能保持较长时间的相对稳定。

(2) 定检修人员：精、大、稀设备较多的企业，根据本企业条件，可组织精、大、稀设备专业维修或修理组，专门负责对精、大、稀设备的检查、精度调整、维护、修理。

(3) 定操作规程：精、大、稀设备应分机型逐台编制操作规程，加以显示并严格执行。

(4) 定备品配件：根据各种精、大、稀设备在企业生产中的作用及备件来源情况，确定储备定额，并优先解决。

2. 工业机器人设备使用维护要求

(1) 必须严格按说明书规定安装设备。

(2) 对环境有特殊要求的设备(恒温、恒湿、防震、防尘)，企业应采取相应措施，确保设备的精度性能。

(3) 设备在日常维护保养中，不许拆卸零部件，发现异常应立即停车，不允许带病运转。

(4) 严格执行设备说明书规定的切削规范，只允许按直接用途进行零件精加工，且加工余量应尽可能小。加工铸件时，毛坯面应预先喷砂或涂漆。

(5) 非工作时间应加护罩，长时间停歇应定期进行擦拭、润滑、空运转。

(6) 附件和专用工具应有专用柜架搁置，保持清洁，防止研伤，不得外借。

五、工业机器人相关动力设备的使用维护要求

动力设备是企业的关键设备，在运行中有高温、高压、易燃、有毒等危险因素，是保证安全生产的要害部位。为做到安全连续稳定供应生产上所需的动能，对动力设备的使用维护应有如下特殊要求：

(1) 运行操作人员必须事先培训，且经过考试合格才可上岗。

(2) 必须有完整的技术资料、安全运行技术规程和运行记录。

(3) 运行人员在值班期间应随时进行巡回检查，不得随意离开工作岗位。

(4) 在运行过程中遇有不正常情况时，值班人员应根据操作规程紧急处理，并及时报

告上级。

(5) 保证各种指示仪表和安全装置灵敏准确,定期校验,同时保证备用设备完整可靠。

(6) 动力设备不得带病运转,任何一处发生故障都必须及时排除。

(7) 定期进行预防性试验和季节性检查。

(8) 经常对值班人员进行安全教育,严格执行安全保卫制度。

六、设备的区域维护

设备的区域维护又称维修工包机制。维修工人承担一定生产区域内的设备维修工作,与生产操作工人共同做好日常维护、巡回检查、定期维护、计划修理及故障排除等工作,并负责完成管区内的设备完好率、故障停机率等指标考核。区域维修责任制是加强设备维修为生产服务、调动维修工人积极性和使生产工人主动关心设备保养和维修工作的一种好形式。

设备专业维护主要组织形式是区域维护组。区域维护组全面负责生产区域的设备维护保养和应急修理工作,主要工作任务是:

(1) 负责本区域内设备的维护修理工作,确保设备完好率、故障停机率等指标合格。

(2) 认真执行设备定期点检和区域巡回检查制,指导和督促操作工人做好日常维护和定期维护工作。

(3) 在车间机械员的指导下,参加设备状况普查、精度检查、调整、治漏,开展故障分析和状态监测等工作。

区域维护组这种设备维护组织形式的优点是:在完成应急修理时有高度机动性,从而可使设备修理停歇时间最短,而且值班钳工在无人召请时,可以完成各项预防作业和参与计划修理。

设备维护区域划分应考虑生产设备分布、设备状况、技术复杂程度、生产需要和修理钳工的技术水平等因素。可以根据上述因素将车间设备划分成若干区域,也可以按设备类型划分区域维护组。流水生产线的设备应按线划分维护区域。

区域维护组要编制定期检查和精度检查计划,并规定出每班对设备进行常规检查的时间。为了使这些工作不影响生产,设备的计划检查要安排在工厂的非工作日进行,而每班的常规检查要安排在生产工人的午休时间进行。

七、提高设备维护水平的措施

为提高设备维护水平,应使维护工作基本做到三化,即规范化、工艺化、制度化。

(1) 规范化就是使维护内容统一,哪些部位该清洗,哪些零件该调整,哪些装置该检查,要根据各企业情况按客观规律加以统一考虑和规定。

(2) 工艺化就是根据不同设备制定各项维护工艺规程,按规程进行维护。

(3) 制度化就是根据不同设备不同工作条件,规定不同维护周期和维护时间,并严格执行。

设备维护工作应结合企业生产经济承包责任制进行考核。同时,企业还应发动群众开展专群结合的设备维护工作,进行自检、互检,并开展设备大检查。

一、实施目标

(1) 了解 ABB IRB 1410 机器人的维护方法。

(2) 掌握 ABB IRB 1410 机器人的维护。

二、实施准备

(1) 实训机器人若干。

(2) 相关工具若干。

三、实施内容

(1) 让学生对 IRB 1410 机器人进行日常检查。

(2) 编写 IRB 1410 机器人维护计划表。

(3) 让学生掌握 IRB 1410 机器人清洁过程。

(4) 让学生掌握 IRB 1410 机器人电池更换过程。

四、实施步骤

1. ABB 工业机器人保养方法

(1) 对轴电机要加油的地方，需经常检查，发现油少时及时加油。

(2) 在机器人工作一定时间后，需对机器人各个电路板接口重新进行插拔。

(3) 要是机器人工作环境较差，需定期对控制柜和机器人表面进行清洁保养。

(4) 定期对机器人做 BACKUP，并下载在上位机上或笔记本上，以防机器人系统程序丢失时无法恢复。

(5) 定期对机器人机械部件进行全面检查。

2. 机器人日常检查

1) 刹车检查

正常运行前，需检查电机刹车每个轴的电机，检查方法如下：

(1) 运行每个机械手的轴到它负载最大的位置。

(2) 机器人控制器上的电机模式选择开关打到电机关(MOTORS OFF)的位置 。

(3) 检查轴是否在其原来的位置，如果电机关掉后机械手仍保持其位置，说明刹车良好。

2) 失去减速运行(250 mm/s)功能的危险

不要从电脑或者示教器上改变齿轮变速比或其他运动参数，否则将影响减速运行(250 mm/s)功能。

3) 安全使用示教器

安装在示教器上的使能设备按钮(Enabling device)，当按下一半时，系统变为电机开

(MOTORS ON)模式,当松开或全部按下按钮时,系统变为电机关(MOTORS OFF)模式。为了安全使用示教器,必须遵循以下原则:使能设备按钮(Enabling device)不能失去功能,编程或调试的时候,若机器人不需要移动,则应立即松开使能设备按钮。当编程人员进入安全区域后,必须随时将示教器带在身上,以避免其他人移动机器人。

4)在机械手的工作范围内工作

如果必须在机械手工作范围内工作,需遵守以下几点:

(1)控制器上的模式选择开关必须打到手动位置,以便操作使能设备来断开电脑或遥控操作。

(2)当模式选择开关在小于 250 mm/s 位置的时候,最大速度限制在 250 mm/s。进入工作区后,开关一般都打到这个位置,只有对机器人十分了解的人才可以使用全速(100% full speed)模式。

(3)注意机械手的旋转轴,当心头发或衣服被搅进去。另外,注意机械手上其他选择部件或其他设备。

(4)检查每个轴的电机刹车。

3. 维护时间计划

维护时间计划如表 3-5-1 所示。

表 3-5-1　维护时间计划表

维护活动	间　隔	注　释	参考章节
轴 1、2、3 和 4 齿轮箱换油	40000 小时	为终身润滑免维护装置	
更换 SMB 单元电池组	低电量警告	电池组,2 电极电池触点测量系统,例如 DSQC633A	更换 SMB 电池
更换 SMB 单元电池组	36 个月或电池低电量警告	电池组,RMU101 型或测量系统 RMU102(3 极电池触点)	更换 SMB 电池
检查上下臂中所有信号电缆	36 个月	如有损坏,将其更换	
更换机械挡块,轴 1	60 个月	弯曲时更换	安装机械停止
润滑弹簧支架	每 2000 小时或 6 个月		
润滑轴 5～6 齿轮	每 4000 小时或 1 年		

(1)电池的剩余后备容量(机器人电源关闭)不足 2 个月时,将显示低电量警告(38213 电池电量低)。通常,如果机器人电源每周关闭 2 天,则新电池的使用寿命为 36 个月,而如果机器人电源每天关闭 16 小时,则其使用寿命为 18 个月。因此,通过电池关闭服务例行程序,可延长使用寿命。

(2)当需要更换电池时,将会显示电池低电量警告(38213 电池电量低)。建议在电池更换完毕前保持控制器电源打开,以避免机器人不同步。

4. 清洁机器人

清洁机器人的方法如表 3 - 5 - 2 所示。

表 3 - 5 - 2　清洁机器人的方法

防护类型	清 洁 方 法			
	真空吸尘器	用布擦拭	用水冲洗	高压水或蒸汽
Standard	是	是，使用少量清洁剂	是，强烈推荐在水中加入防锈剂溶液，并且在清洁后对操纵器进行干燥	否

5. 更换 SMB 电池

以下程序详细描述了如何更换电池组，如表 3 - 5 - 3 所示。

表 3 - 5 - 3　更换 SMB 电池的程序

	操　作	注　释
1	危险 关闭机器人所有的电力、液压和气压供给	
2	警告 该装置易受 ESD 影响	
3	拧下连接螺钉（B），拆下机器人后盖板（A）	
4	从串行测量板上拆下电池接线柱，切断固定电池单元的扣环	
5	安装新电池并将接线柱连接到串行测量板上	如图 3 - 5 - 2 所示为电池单元的位置
6	将盖子重新装到机器人基座上，同时装上新的垫圈	拆下垫圈后一定要换新的，并且要按规定规格更换电池
7	更新转数计数器	

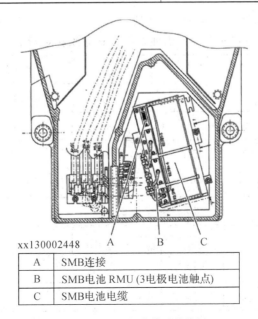

xx130002448

A	SMB连接
B	SMB电池 RMU (3电极电池触点)
C	SMB电池电缆

图 3 - 5 - 2　电池单元的位置

6. 注意事项

1）清洁机器人的注意事项

（1）务必使用上文规定的清洁设备！任何其他清洁设备都可能会缩短机器人的使用寿命。

（2）清洁前，务必先检查是否所有保护盖都已安装到机器人上！

（3）切勿进行不正确的操作。

① 切勿将清洗水柱对准连接器、接点、密封件或垫圈！

② 切勿使用压缩空气清洁机器人！

③ 切勿使用未获 ABB 批准的溶剂清洁机器人！

④ 喷射清洗液的距离切勿低于 0.4 m！

⑤ 清洁机器人之前，切勿卸下任何保护盖或其他保护设备！

2）更换电池的注意事项

当需要更换电池时，将会显示电池低电量警告（38213 电池电量低）。

（1）建议在电池更换完毕前保持控制器电源打开，以避免机器人不同步。

（2）对于具有 3 电极触点的 SMB 电路板，新电池的寿命通常是 36 个月。

（3）对于具有 2 电极电池触点的 SMB 电路板，如果机器人电源每周关闭 2 天，则新电池的使用寿命通常为 36 个月，而如果机器人电源每天关闭 16 个小时，则其使用寿命为 18 个月。在生产中断时间较长的情况下，可通过电池关闭服务例行程序延长使用寿命。

（4）如果机器人电源每周关闭 2 天，则新电池的使用寿命通常为 36 个月，而如果机器人电源每天关闭 16 小时，则其使用寿命为 18 个月。生产中断时间较长的情况下，可通过电池关闭服务例行程序来延长电池的使用寿命。

 任务评价

完成上述任务后，认真填写表 3-5-4 所示的"工业机器人日常维护评价表"。

表 3-5-4　工业机器人日常维护评价表

组别			小组负责人	
成员姓名			班级	
课题名称			实施时间	
评价指标	配分	自评	互评	教师评
正确说出机器人组成结构	10			
正确更换电池	15			
正确清洁机器人	10			
正确进行刹车检查	10			
正确使用示教器	10			

续表

评价指标	配分	自评	互评	教师评
对项目课题有探究兴趣,认真对待,积极参与	10			
能积极主动查阅相关资料,收集信息,获取相关学习内容	10			
善于观察、思考,能提出创新观点和独特见解,能大胆创新	10			
组员分工协作,团结合作,解决疑难问题	5			
遵守课堂学习纪律	10			
总　　　计	100			
教师总评 (成绩、不足及注意事项)				
综合评定等级(个人30%,小组30%,教师40%)				

任务练习

1. 工业机器人根据不同的用途可以分成不同种类,这些种类包含哪些呢?

2. 工业机器人刹车检查非常重要,这关系到设备安全,那么怎么进行刹车检查?

3. 示教器是机器人进行机器人编程的重要工具,那么如何使用示教器才是安全正确的呢?

任务小结

本任务的要点如下:

(1) 工业机器人的组成结构。

(2) 工业机器人三级保养制度。

(3) 工业机器人维护要求。

任务拓展

阅读材料(一)——工业机器人运用领域简介

历史上第一台工业机器人的出现,是用于通用汽车的材料处理工作,而随着机器人技术的不断进步与发展,它们可以做的工作也变得多样化,如喷涂、码垛、搬运、包装、焊接、装配,等等。现如今,服务机器人的出现又给机器人带来了新的职业——与人类交流。那么,这么多应用方式,究竟哪几种是机器人应用最广泛的领域呢?

1. 机械加工应用(2%)

机械加工行业机器人应用量并不高，只占了2%，原因大概是市面上有许多自动化设备可以胜任机械加工的任务。机械加工机器人主要从事的加工应用包括零件铸造、激光切割以及水射流切割。

2. 机器人喷涂应用(4%)

这里的机器人喷涂主要指的是涂装、点胶、喷漆等工作，只有4%的工业机器人从事喷涂的应用。如图3-5-3所示为机器人进行喷涂作业。

图3-5-3　机器人进行喷涂作业

3. 机器人装配应用(10%)

装配机器人主要从事零部件的安装、拆卸，以及修复等工作。由于近年来机器人传感器技术的飞速发展，使机器人应用越来越多样化，直接导致机器人装配应用比例的下滑。

4. 机器人焊接应用(29%)

机器人焊接应用主要包括在汽车行业中使用的点焊和弧焊，虽然点焊机器人比弧焊机器人更受欢迎，但是弧焊机器人近年来发展势头十分迅猛。目前，许多加工车间都逐步引入焊接机器人，用以实现自动化焊接作业。

5. 机器人搬运应用(38%)

目前搬运仍然是机器人的第一大应用领域，约占机器人应用整体的4成左右。许多自动化生产线需要使用机器人进行上下料、搬运以及码垛等操作。近年来，随着协作机器人的兴起，搬运机器人的市场份额一直呈增长态势。

阅读材料(二)——各种机身结构

机身是直接连接、支承和传动手臂及行走机构的部件，它是由臂部运动（升降、平移、回转和俯仰）机构及有关的导向装置、支撑件等组成。由于机器人的运动型式、使用条件、负载能力各不相同，所采用的驱动装置、传动机构、导向装置也不同，致使机身结构有很大差异。

一般情况下，实现臂部的升降、回转或俯仰等运动的驱动装置或传动件都安装在机身上。臂部的运动愈多，机身的结构和受力愈复杂。机身既可以是固定式的，也可以是行走式的，即在它的下部装有能行走的机构，可沿地面或架空轨道运行。

常用的机身结构有：升降回转型机身结构、俯仰型机身结构、直移型机身结构、类人机器人机身结构。机身结构一般由臂部结构、手腕结构、手部结构组成。

1. 臂部结构

1）手臂部件

手臂部件（简称臂部）是机器人的主要执行部件，它的作用是支撑腕部和手部，并带动它们在空间作运动。机器人的臂部主要包括臂杆以及与其伸缩、屈伸或自转等运动有关的构件，如传动机构、驱动装置、导向定位装置、支撑连接和位置检测元件等，此外，还有与腕部或手臂的运动和连接支撑等有关的构件、配管配线等。

根据臂部的运动和布局、驱动方式、传动和导向装置的不同可分为：伸缩型臂部结构、转动伸缩型臂部结构、驱伸型臂部结构、其他专用的机械传动臂部结构。

2）机身和臂部的配置形式

机身和臂部的配置形式基本上反映了机器人的总体布局。由于机器人的运动要求、工作对象、作业环境和场地等因素的不同，出现了各种不同的配置形式，目前常用的有横梁式、立柱式、机座式、驱伸式。

2. 手腕结构

手腕是连接手臂和手部的结构部件，它的主要作用是确定手部的作业方向。因此，手腕结构具有独立的自由度，以满足机器人手部完成复杂的姿态。确定手部的作业方向一般需要三个自由度：臂转——绕小臂轴线方向的旋转；手转——使手部绕自身的轴线方向旋转；腕摆——使手部相对于臂进行摆动。

腕部结构的设计要满足传动灵活、结构紧凑轻巧、避免干涉等要求。机器人多数将腕部结构的驱动部分安排在小臂上。首先设法使几个电动机的运动传递到同轴旋转的心轴和多层套筒上去，运动传入腕部后再分别实现各个动作。在用机器人进行精密装配作业时，当被装配零件的一致性、工件的定位夹具、机器人的定位精度不能满足装配要求时，会导致装配困难，这就对装配技术提出了柔顺性要求。

柔顺装配技术有两种：一种是从检测、控制的角度，采取各种不同的搜索方法，实现边校正边装配；一种是从机械结构的角度，在手腕部配置一个柔顺环节，以满足柔顺装配的要求。

3. 手部结构

机器人的手部是最重要的执行机构，从功能和形态上看，它可分为工业机器人的手部和仿人机器人的手部。常用的手部按其握持原理可以分为夹持类和吸附类。

1）夹持类

夹持类手部除常用的夹钳式外，还有脱钩式和弹簧式。此类手部按其手指夹持工件时的运动方式不同又可分为手指回转型和指面平移型。

（1）夹钳式。夹钳式是工业机器人最常用的一种手部形式，一般由手指、传动机构、驱动装置、支架等组成。

（2）钩拖式。钩拖式的主要特征是不靠夹紧力来夹持工件，而是利用手指对工件钩、拖、捧等动作来拖持工件。应用钩拖方式可降低驱动力的要求，简化手部结构，甚至可以省略手部驱动装置。它适用于在水平面内和垂直面内作低速移动的搬运工作，尤其对大型笨重的工件或结构粗大而质量较轻且易变形的工件更为有利。

2）吸附类

（1）气吸式。气吸式手部是工业机器人常用的一种吸持工件的装置，它由吸盘（一个或几个）、吸盘架及进排气系统组成，具有结构简单、重量轻、使用方便可靠等优点。气吸式手部结构广泛应用于非金属材料（如板材、纸张、玻璃等物体）或不可有剩磁的材料的吸附。气吸式手部的另一个特点是对工件表面没有损伤，且对被吸持工件预定的位置精度要求不高；但要求工件上与吸盘接触部位光滑平整、清洁，被吸工件材质致密，没有透气空隙。气吸式手部是利用吸盘内的压力与大气压之间的压力差而工作的，按形成压力差的方法，可分为真空气吸、气流负压气吸、挤压排气负压气吸。

（2）磁吸式。磁吸式手部是利用永久磁铁或电磁铁通电后产生的磁力来吸附工件的，其应用较广。磁吸式手部与气吸式手部相同，不会破坏被吸收表面质量。磁吸收式手部比气吸收式手部优越的方面是：有较大的单位面积吸力，对工件表面粗糙度及通孔、沟槽等无特殊要求。

3）仿人机器人的手部

目前，大部分工业机器人的手部只有2个手指，而且手指上一般没有关节，因而取料不能适应物体外形的变化，不能使物体表面承受比较均匀的夹持力，无法满足对复杂形状、不同材质的物体实施夹持和操作。为了提高机器人手部和手腕的操作能力、灵活性和快速反应能力，使机器人能像人手一样进行各种复杂的作业，就必须有一个运动灵活、动作多样的灵巧手，即仿人手。

任务二　工业机器人的维修

学习目标

- 了解工业机器人常见故障分类；
- 掌握工业机器人诊断方法分类；
- 掌握工业机器人常见的故障排除技术。

任务描述

通过本任务的学习，使学生掌握机器人常见故障的分类以及诊断方法。

知识链接

工业机器人在现代工业中的地位越来越重要，运用越来越广泛，大大降低了人的劳动强度，提高了生产效率。但是，工业机器人一旦发生故障，就会影响整个生产线的运作，不及时维修会来带巨大损失。如图3-5-4所示为在生产线上工作的机器人。

图3-5-4　在生产线上工作的机器人

工业机器人作为工业设备，在使用过程中会由于各种各样的原因或多或少出现各种故障，导致设备不能正常运行，甚至引发安全生产事故。

一、工业机器人常见故障类型

故障现象：设备(元件、零件、部件、产品或系统)因某种原因丧失规定功能的现象。对于工业机器人来说，故障按照不同的标准有不同的分类。

1. 按故障存在的程度分类

(1)暂时性故障。这类故障带有间断性，是在一定条件下系统所发生的功能上的故障，通过调整系统参数或运行参数，不需要更换零部件即可恢复系统的正常功能。

(2)永久性故障。这类故障是由于某些零部件损坏而引起的，必须经过更换或修复后才能排除故障。这类故障还可分为完全丧失所应有的完全性故障及导致某些局部功能丧失的局部性故障。

2. 按故障发生、发展的进程分类

(1)突发性故障。出现故障前无明显征兆，难以靠早期试验或测试来预测。这类故障发生时间很短暂，一般带有破坏性，如转子的断裂、人员误操作引起设备的损毁等，都属于这一类故障。

(2)渐发性故障。设备在使用过程中某些零部件因疲劳、腐蚀、磨损等使性能逐渐下降，最终超出所允许值而发生的故障。这类故障占有相当大的比重，具有一定的规律性，能通过早期状态监测和故障预备来预防。

3. 按故障严重程度分类

(1)破坏性故障。它既是突发性又是永久性的，故障发生后往往危及设备和人身的安全。

(2)非破坏性故障。一般它是渐发性的又是局部性的，故障发生后暂时不会危及设备和人身的安全。

4. 按故障发生的原因分类

(1)外因故障。因操作人员操作不当或条件恶化而造成的故障，如调节系统的误动作，设备的超速运行等。

（2）内因故障。设备在运行过程中，因设计或生产方面存在的潜在隐患而造成的故障。如设备上的薄弱环节，制造商残余的局部应力和变形，材料的缺陷等都是引起内因故障潜在的因素。

5. 按故障相关性分类

（1）相关故障。这类故障也可称为间接故障，是由设备其他部件引起的，如滑动轴承因断油而烧瓦的故障是因油路系统故障而引起的，这一点在故障诊断中应予注意。

（2）非相关故障。这类故障也可称为直接故障，这是因为零部件本身直接因素引起的，对设备进行故障诊断首先应诊断这类故障。

6. 按故障发生的时间分类

（1）早期故障。这种故障的产生可能是设计加工或材料上的缺陷，在设备投入运行初期暴露出来，或者是有些零部件如齿轮对及其他摩擦副需经过一段时期的"跑合"才能使工作情况逐渐改善。早期故障经过暴露、处理、完善后，故障率开始下降。

（2）试用期故障。这是产品在寿命期内发生的故障，这种故障是由于载荷即外因、运行条件等和系统特性即内因、零部件故障、结构损伤等无法预知的偶然因素引起的。设备大部分的时间处于这种工作状态，则这期间故障率基本上是恒定的。对这个时期的故障进行监视与诊断具有重要意义。

（3）后期故障。这类故障也称为耗散期故障，它往往发生在设备使用的后期，由于设备长期使用，甚至超过设备的使用寿命后，因设备的零部件逐渐磨损、疲劳、老化等原因使系统功能退化，最终可能导致系统发生突发性的、危险性的、全局性的故障。这期间设备故障率是上升趋势，应通过监测、诊断，发现失效零部件后应及时更换，以避免发生事故。

二、引起工业机器人故障的常见因素

（1）环境因素，包括力、能、振动、污染，如表 3-5-5 所示。

表 3-5-5　引起机器人故障的环境因素

环境因素	主要影响	典型故障
机械能	产生振动、冲击、压力、强速度、机械应力	机械强度减低，功能受影响，磨损加剧，过量变形，疲劳磨损，机件断裂
热能	产生热化、氧化、软化、融化、黏性变化、固话、脆化、热胀冷缩及热应力等	电气性能变化，润滑性能降低，机械应力增加，磨损加剧，机械强度降低，腐蚀加速，热疲劳破坏，密封性能破坏
化学能	产生受潮、干燥、脆化、腐蚀、电蚀、化学反应及污染等	功能受影响，电气性能下降，机械性能降低，保护层破坏，表面变质，化学反应加剧，机械断裂
其他能	产生脆化、加热、蜕化、电离及磁化	表面变质，材料褪色、热老化、氧化，材料的物理、化学、电气性能发生变化

注：其他能包括核能、电磁能及生网素等。

（2）人为因素，包括设计不良、质量偏差、使用不当等。

（3）时间因素，常见的磨损、腐蚀、疲劳变形等故障都与时间有密切关系。

三、设备故障诊断技术

设备故障诊断技术可按不同标准进行分类。

1. 按照诊断的目的、要求和条件分类

（1）功能诊断和运行诊断。功能诊断主要用于新安装或刚维修的设备，而运行诊断则针对运行中的设备或系统。

（2）定期诊断和连续监测。

（3）直接诊断和间接诊断。间接诊断主要通过设备运行中的二次信息判断。

（4）在线诊断和离线诊断。在线是指对现场正在运行的设备进行自动实时监测，而离线监测是利用记录仪等将现场的状态信号记录后，带回实验室进行分析诊断。

（5）常规诊断和特殊诊断。

（6）简易诊断和精密诊断。

2. 按诊断的物理参数分类

设备故障诊断的主要物理参数有振动、声学、温度、污染、无损、压力、强度、电参数、趋向以及各种参数的综合，如表 3 - 5 - 6 所示。

表 3 - 5 - 6　按诊断的物理参数分类

诊断技术名称	状态检测参数
振动诊断技术	平衡振动、瞬态振动、机械导纳及模态参数等
声学诊断技术	噪声、声阻、超声以及声发射等
温度诊断技术	温度、温差、温度场以及热象等
污染诊断技术	气、液、固体的成分变化，残留物
无损诊断技术	裂纹、变形、斑点及色泽等
压力诊断技术	压差、压力及压力脉动等
强度诊断技术	力、扭矩、应力及应变等
电参数诊断技术	电信号、功率及磁特性等
趋向诊断技术	设备的各种技术性能指标
综和诊断技术	各种物理参数的组合与交叉

3. 按诊断的直接对象分类

主要直接诊断对象有本体部件、机械零件、伺服系统、控制系统、工艺流程、生产系统、电气设备等。

四、设备诊断过程

1. 状态监测

状态监测：通过传感器采集设备在运行中的各种信息，将其转变为电信号或其他物理量，再将获取的信号输入信号处理系统并进行处理。后者主要是将特征信号提取出来，而将无用信号和干扰信号排除。

2. 分析诊断

分析诊断：根据监测到的能够反映设备运行状态的征兆或特征参数的变化情况与模式进行比较，以此来判断故障的存在、性质、原因和严重程度以及发展趋势。

3. 治理预防

治理预防：根据分析诊断得出的结论确定治理修正和预防的办法。

五、设备诊断常用方法

1. 机械故障诊断

（1）振动测量法。根据能否用确定的时间关系函数来描述，振动分为确定性振动和随机振动，确定性振动又分为周期振动和非周期振动，周期振动又进一步分为简谐周期振动和复杂周期振动，非周期振动也进一步分为准周期振动和瞬态振动。振动的基本参数有振幅、频率和相位，振动完全可以通过这三个参数加以描述。

（2）噪声测量法。根据噪声信号的特征量制定一个限值作为有无故障的标准。要识别故障的性质、发生部位以及严重程度，还需要提取噪声信号作频谱分析。对噪声的判断有绝对标准、相对标准和类比标准。

（3）温度测量法。利用仪器检测设备温度，通过温度表征设备运转情况。通过温度测量所能发现的常见故障有：轴承损坏、流体系统故障、发热异常、污染物质积聚、保温材料损坏、电器元件故障、非金属部件的故障、机件内部缺陷、裂纹探测等。

2. 电气故障诊断

1）直观法

这是一种最基本、最简单的方法，维修人员通过对故障发生时产生的各种光、声、味等异常现象的观察、检查，可将故障缩小到某个模块，甚至一块印制电路板。但是，直观法要求维修人员具有丰富的实践经验，以及综合判断能力。

2）系统自诊断法

充分利用工业机器人的自诊断功能，根据显示的报警信息及各模块上的发光二极管等器件的指示，可判断出故障的大致起因。进一步利用系统的自诊断功能，还能显示系统与各部分之间的接口信号状态，找出故障的大致部位。系统自诊断法是故障诊断过程中最常用、有效的方法之一。

3）参数检查法

数控系统的机床参数是保证机床正常运行的前提条件，它们直接影响着数控机床的性能。参数通常存放在系统存储器中，一旦电池不足或受到外界的干扰，可能导致部分参数的丢失或变化，使机床无法正常工作。通过核对、调整参数，有时可以迅速排除故障。特别是对于机床长期不用的情况，参数丢失的现象经常发生，因而检查和恢复机床参数是维修中行之有效的方法之一。

4）功能测试法

所谓功能测试法是通过功能测试程序，检查机床的实际动作，以此判别故障的一种方法。功能测试可以将系统的功能，用手工编程的方法编制一个功能测试程序，并通过运行测试程序来检查机床执行这些功能的准确性和可靠性，进而判断出故障发生的原因。

5）部件交换法

所谓部件交换法，就是在故障范围大致确认且确认外部条件完全正确的情况下，利用同样的印制电路板、模块、集成电路芯片或元器件替换有疑点的部分的方法。部件交换法是一种简单、易行、可靠的方法，也是维修过程中最常用的故障判别方法之一。交换的部件可以是系统的备件，也可以用机床上现有的同类型部件。通过部件交换，可以逐一排除故障可能的原因，把故障范围缩小到相应的部件上。必须注意的是：在交换部件之前应仔细检查、确认部件的外部工作条件。

在线路中存在短路、过电压等情况时，切不可以轻易更换备件。此外，备件（或交换板）应完好，且与原板的各种设定状态一致。在交换 CNC 装置的存储器板或 CPU 板时，通常还要对系统进行某些特定的操作，如存储器的初始化操作等，并需重新设定各种参数，否则系统不能正常工作。

6）测量比较法

数控系统的印制电路板在制造时，为了调整维修的便利通常都设置有检测用的测量端子。维修人员利用这些检测端子，可以测量、比较正常的印制电路板和有故障的印制电路板之间的电压或波形的差异，进而分析、判断故障原因及故障所在位置。通过测量比较法，有时还可以纠正他人在印制电路板 E 的调整、设定不当而造成的"故障"。测量比较法使用的前提是：维修人员应先了解或实际测量正确的印制电路板关键部位、易出故障部位的正常电压值、正确的波形，才能进行比较分析，而且这些数据应随时做好记录并作为资料积累。

7）原理分析法

这是根据数控系统的组成及工作原理，从原理上分析各点的电平和参数，并利用万用表、示波器或逻辑分析仪等仪器对其进行测量、分析和比较，进而对故障进行系统检查的一种方法。运用这种方法时，要求维修人员有较高的水平，对整个系统或各部分电路有清楚、深入的了解。

8）其他方法

除了以上介绍的故障检测方法外，还有插拔法、电压拉偏法、敲击法、局部升温法等，这些检查方法各有特点，维修人员可以根据不同的故障现象加以灵活应用，以便对故障进行综合分析，逐步缩小故障范围，排除故障。

9）经验法

此法是设备维修人最常用的方法，主要依靠实际经验，并借助简单的仪表，诊断故障的发生部位，找出故障原因。习惯上可称经验法为望、闻、问、切。

（1）望，如看紧固件有无松动，仪器仪表电流是否变化异常，设备外观有无明显变化，皮带等有无裂纹，轴承位润滑油有无流淌，焊件焊口有无开裂，气动系统压力是否异常，指示灯显示是否异常等，以及有无明显震动等所有能够看到的和正常情况不相吻合的现象。

（2）闻，包括耳闻和鼻闻，如闻有无异常声音，有无漏气现象，有无异常的摩擦声和跳动声，有没有焦煳味和沸油味等异味。

（3）问，即查阅技术档案，了解工作程序、运行要求及主要参数，查阅操作手册了解零部件、元器件的作用、结构、功能和性能；查阅检修记录、点检记录，了解日常维修保养情况。向现场操作人员了解设备运行情况，了解发生故障前后的征兆及事故发生时的状况，了解以前出现过的故障和解决方法。这是此法最关键的一步，对判断故障部位，减少排除故障时间最有效的方法。

（4）切，即用手和简单工具触摸，如触摸运动部件、线圈温升等，如手不能短暂停留，温度在 $65\sim75℃$ 要查明原因，触摸有明显的跳动感、震动感、爬行感、摩擦感等。

六、工业机器人故障诊断的原则

1. 先外部后内部原则

工业机器人是机械、液压、电气一体化的设备，因而故障的发生必然要从这三者之间综合反映出来。所以，要求维修人员掌握先外部后内部的原则，即当工业机器人发生故障后，借助于各种故障诊断方法，由外向里逐一进行检查。

外部硬件操作引起的故障是工业机器人修理中的常见故障，一般都是由于检测开关、液压系统、气动系统、电气执行元件、机械装置出现问题引起的。这类故障有些可以通过报警信息查找故障原因。对一般的数控系统来讲，都有故障诊断功能或信息报警，维修人员可利用这些信息手段缩小诊断范围。而有些故障虽有报警信息显示，但并不能反映故障的真实原因，这时需根据报警信息和故障现象来分析解决。

2. 先机械后电气原则

由于工业机器人是一种自动化程度高，技术复杂的先进生产设备，所以机械故障较易发现，而系统故障诊断难度要大一些。

3. 先静后动原则

维修人员要做到先静后动，不可盲目动手，应先询问操作人员故障发生的过程及状态，查看说明书、资料后方可动手查找故障原因，继而排除故障。

4. 先公用后专用原则

公用性问题会影响到全局，而专用性问题只影响局部。

5. 先简单后复杂原则

当出现多种故障相互交织掩盖，一时无从下手时，应先解决容易的问题，后解决较复杂的问题。对于工业机器人，常常在解决简单故障的过程中简化了难度大的问题，进而使维修人员理清思路，解决复杂问题。

6. 先一般后特殊原则

在排除某一故障时，要先考虑最常见的可能原因，然后再分析很少发生的特殊原因。

七、故障诊断排除的一般流程

1. 故障现场调查

当工业机器人发生故障时，维修人员不要急于动手处理，而应该先调查事故现场。事故现场的调查包括以下内容：

（1）故障的种类。

（2）故障的频繁程度。

（3）故障发生时的外界状况。

（4）有关操作情况。

（5）机床使用情况。

（6）工业机器人的运转情况。

（7）机器人本体与控制柜之间的接线情况。

（8）控制柜与机器人本体装置的外观情况。

2. 故障信息的整理和分析

在收集完故障相关信息后，对当时的故障及现场情况进行整理、分析，对可能的原因进行分类，确定出最可能的故障原因。

对于一些简单的故障，可采用形式逻辑推理的方法，分析、确定和排除故障。

对于复杂的故障，因引起故障的原因较多，可以借助于故障树分析、模式识别以及模糊诊断等多种识别理论进行故障的诊断与排除。

3. 故障的诊断与排除

充分利用数控系统的自诊断技术，遵循数控机床故障诊断与排除的一般原则，合理、灵活使用数控机床故障排除的基本方法。

4. 经验总结和记录

对此次维修的故障现象、原因分析、解决过程、更换元件、遗留问题等作好记录与总结。

八、工业机器人典型故障及排除方法

1. 硬件故障

焊接机器人工作站的硬件部分主要由机器人本体、控制柜以及外围设备和各种线路组成。而机器人工作站的硬件故障主要由电气元件如继电器、开关、熔断器等失效引起的，它们的发生往往与上述元器件的质量、性能和工作环境等因素有关。除了电器元器件以外，由于长时间的工作运动也会引起连接机器人本体的电缆或电线发生疲劳破损而引发的线路故障。这类硬件方面的故障一旦发生，排查发生故障的元器件是件非常困难的事情，而且必须对失效或破损的元器件进行维修或更换。

2. 软件故障

软件故障一般是指程序编辑软件的系统模块内的数据丢失、错误，或者是焊接机器人整个操作系统的备置出现错误的设定参数，造成机器人系统无法正常进行编程或无法正常的自动化运行工作，甚至操作系统无法启动。这类故障只需要根据机器人提示的故障报警信息找出错误源，然后重新配置系统参数再重新启动就可以将故障排除。

但是，可能有些软件故障由于操作者的误操作造成系统的数据丢失不能重新设定，这时候可以使用系统重启的一些特殊启动方式将系统还原到无错时的状态。例如 ABB 焊接机器人的控制系统(IRC5 控制系统)重新启动的高级选项 I—启动：系统已被重新启动，并且您希望从最近一次成功关闭的状态使用该映像文件(系统数据)重新启动当前系统。

3. 编程和操作错误引起的故障

编程和操作错误引起的故障不属于系统软件故障，所以不需要对操作系统进行特殊的处理，只需要针对系统所报出的错误信息找到相应的程序段，进行修改后就可以正常工作。例如焊接机器人的编程人员在编程过程中没有考虑到手动编程中的运动速度大小问题，自动运行程序时就会因机器人关节运动速度过快造成惯性力大触发机器人的自动保护程序而造成停机事故。

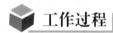 工作过程

一、实施目标

(1) 掌握工业机器人的维护步骤。
(2) 掌握工业机器人的维护注意事项。

二、实施准备

(1) ABB IRB1410 若干台。
(2) 工具若干套。

三、实施内容

1. 更换轴 1 电机

当工业机器人电机发生故障时，要进行必要的维护维修，否则工业机器人将不能进行正常工作。在维护维修过程中，电机的更换必须按照正确步骤进行才能够保证电机更换的正确性。

2. 更换轴 1 齿轮箱

齿轮箱是工业机器人的核心部件之一，一旦发生故障必须及时进行维护维修，否则会对设备本身及周边设备造成危害。在维护维修过程中不可避免进行齿轮箱更换，在此过程中必须按规定步骤进行，以防违规操作对设备造成不必要的损失。

3. 更换位置指示器(位置开关)

在工业机器人的各个肘关节位置均有位置开关，用以保证机器人不会超行程而损害设备。因此，位置指示器是非常重要的保护部件，要及时检查是否损害，若损害则要及时更换。

4. 更换机械挡块

机械挡块是配合位置指示器工作的重要组件，若没有该组件，则工业机器人的位置保

护就无法起作用。

四、实施步骤

1. 更换轴电机

1）拆卸

（1）拧下螺栓，卸下电机盖。

（2）拧开螺丝，松开连接器 R4. MP1 和 R4. FB1。

（3）拧下螺钉，拆下接线盒，如图 3-5-5 所示。

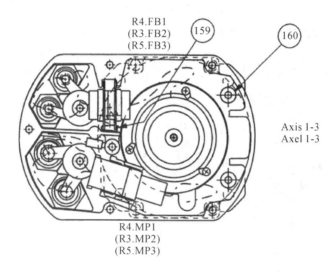

图 3-5-5　轴电机

（4）拧下螺钉，松开电机，如图 3-5-6 所示。

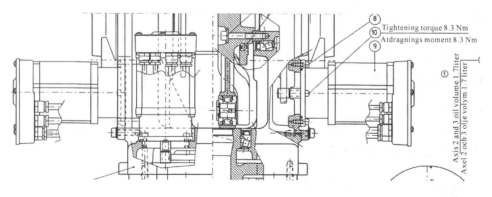

图 3-5-6　轴电机

2）重新安装

（1）检查确保装配面清洁，电机上无划痕。

（2）释放制动闸，向 4. MP1 连接器的接线端 7 和 8 加 24V DC，电路如图 3-5-7 所示。

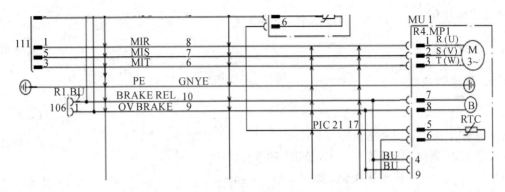

图 3-5-7 轴电机电路图

（3）按照前面所做的标记安装电机，拧紧螺钉 10，如图 3-5-8 所示。

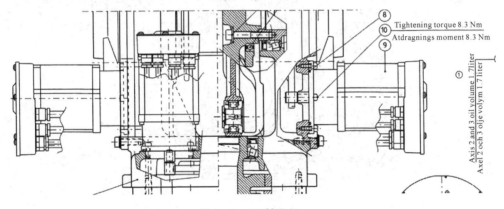

图 3-5-8 轴电机

（4）参照齿轮箱中的齿轮调整电机。

（5）将 3HAB 1201-1 曲柄工具旋入电机轴端。

（6）将轴 1 转动至少 45 度，确保有非常小的游隙。

（7）用 8.3 Nm±10％的扭矩拧紧螺钉。

（8）连接电缆。

（9）按规定校准机器人。

2. 更换轴 1 齿轮箱

1）拆卸

（1）拆卸轴 1、2 和 3 上的电机。

（2）拆卸电缆和串行测量板。

（3）拆卸系杆。

（4）拆卸平行臂。

（5）拆卸平衡弹簧。

（6）卸下上臂。

（7）拆卸下臂。

2）重新安装

（1）在工作台上放一个新齿轮装置。

（2）升起基座。

（3）拧紧螺钉③和④及其垫圈，如图 3－5－9 所示。

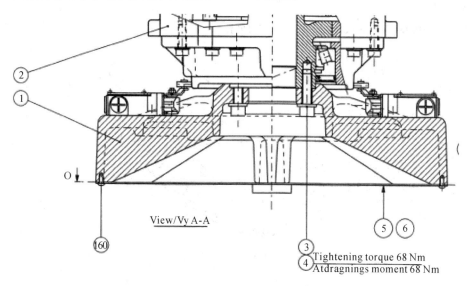

View/Vy A-A

③ Tightening torque 68 Nm
④ Atdragnings moment 68 Nm

图 3－5－9　齿轮箱

（4）用螺钉重新装上底板(5 和 7)如图 3－5－10 所示。

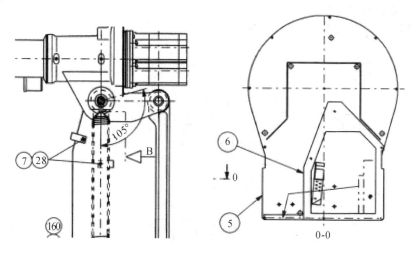

0-0

图 3－5－10　齿轮箱底板

（5）搬转底脚。

（6）重新安装下臂。

（7）重新安装平行臂。

（8）重新安装上臂。

（9）重新安装电缆。

（10）重新安装系杆。

（11）重新安装平衡弹簧。

（12）校准机器人。

3. 更换位置指示器

1）拆卸

（1）拆卸凸缘板(138)，如图 3-5-11 所示。

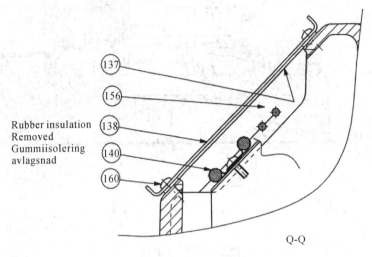

图 3-5-11　指示器凸缘板

（2）松开连接器 R1.LS。

（3）拆卸两个限位开关(174)，如图 3-5-12 所示。

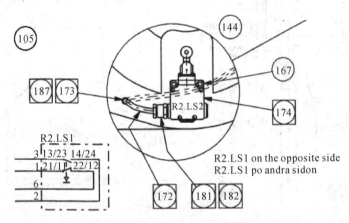

图 3-5-12　指示器限位开关

（4）从开关上松开电缆。

（5）通过基座折下电缆。

2）重新安装

（1）通过基座布设新电缆。

（2）将电缆连接到开关上。

（3）装上两个限位开关。

（4）接好连接器 R1.LS。

（5）安装凸缘板。

4. 更换机械挡块

（1）拆下旧挡块销。

（2）按照图示装上新销，如图 3 - 5 - 13 所示。

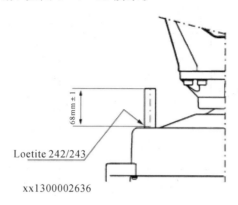

xx1300002636

图 3 - 5 - 13　机械挡块

五、注意事项

1. 更换电机时的注意事项

（1）电机和传动齿轮为一个单元。

（2）在拆卸第三步时要注意标记电机的位置。

2. 更换轴齿轮箱时的注意事项

（1）齿轮箱通常不需要维修或调整。

（2）如果要更换轴 1、2 或 3 中任意一个齿轮箱，必须更换整个单元。

 任务评价

完成上述任务后，认真填写表 3 - 5 - 7 所示的"工业机器人维修评价表"。

表 3 - 5 - 7　工业机器人维修评价表

组别			小组负责人	
成员姓名			班级	
课题名称			实施时间	
评价指标	配分	自评	互评	教师评
正确写出润滑油要求	10			
正确更换轴 1 电机	15			
正确更换轴 1 齿轮箱	10			
正确更换位置指示器	10			
正确更换机械挡块	10			

续表

评价指标	配分	自评	互评	教师评
对项目课题有探究兴趣，认真对待，积极参与	10			
能积极主动查阅相关资料，收集信息，获取相关学习内容	10			
善于观察、思考，能提出创新观点和独特见解，能大胆创新	10			
组员分工协作，团结合作，解决疑难问题	5			
遵守课堂学习纪律	10			
总　　计	100			
教师总评（成绩、不足及注意事项）				
综合评定等级（个人30%，小组30%，教师40%）				

 任务练习

1. 工业机器人的润滑是非常重要的，那么机器人对于润滑介质有什么要求？

2. 工业机器人的减速器作为核心部件之一，其主要分类有哪些？

3. 工业机器人的伺服电机是非常重要的部件，那么工业机器人对伺服电机有哪些要求？

 任务小结

本任务的要点如下：
（1）工业机器人常见故障分类。
（2）引起工业机器人故障的常见因素。
（3）工业机器人诊断方法分类。
（4）工业机器人常见的故障技术。

 **任务拓展**

阅读材料——六类工业机器人及其关键技术简介

1. 移动机器人（AGV）

移动机器人（AGV）是工业机器人的一种类型，它由计算机控制，具有移动、自动导航、多传感器控制、网络交互等功能。它可广泛应用于机械、电子、纺织、卷烟、医疗、食品、造纸等行业的柔性搬运、传输等，也用于自动化立体仓库、柔性加工系统、柔性装配系统（以 AGV 作为活动装配平台），同时也可在车站、机场、邮局的物品分拣中作为运输工具。

自动化是国际物流技术发展的新趋势之一，而移动机器人是其中的核心技术和设备，是用现代物流技术配合、支撑、改造、提升传统生产线，实现点对点自动存取的高架箱储作业和搬运相结合，实现精细化、柔性化、信息化，缩短物流流程，降低物料损耗，减少占地面积，降低建设投资等的高新技术和装备。

2. 点焊机器人

焊接机器人具有性能稳定、工作空间大、运动速度快和负荷能力强等特点，焊接质量明显优于人工焊接，大大提高了点焊作业的生产率。

点焊机器人主要用于汽车整车的焊接工作，生产过程由各大汽车主机厂负责完成。国际工业机器人企业凭借与各大汽车企业的长期合作关系，向各大型汽车生产企业提供各类点焊机器人单元产品，并以焊接机器人与整车生产线配套形式进入中国，在该领域占据市场主导地位。

随着汽车工业的发展，焊接生产线要求焊钳一体化，重量越来越大，165 公斤点焊机器人是当前汽车焊接中最常用的一种机器人。2008 年 9 月，机器人研究所研制完成国内首台 165 公斤级点焊机器人，并成功应用于奇瑞汽车焊接车间。2009 年 9 月，经过优化和性能提升的第二台机器人完成并顺利通过验收，该机器人整体技术指标已经达到国外同类机器人水平。

3. 弧焊机器人

弧焊机器人主要应用于各类汽车零部件的焊接生产。在该领域，国际大型工业机器人生产企业主要以向成套装备供应商提供单元产品为主。

弧焊机器人的关键技术包括：

（1）弧焊机器人系统优化集成技术。弧焊机器人采用交流伺服驱动技术以及高精度、高刚性的 RV 减速机和谐波减速器，具有良好的低速稳定性和高速动态响应，并可实现免维护功能。

（2）协调控制技术。控制多机器人及变位机协调运动，既能保持焊枪和工件的相对姿态以满足焊接工艺的要求，又能避免焊枪和工件的碰撞。

（3）精确焊缝轨迹跟踪技术。结合激光传感器和视觉传感器离线工作方式的优点，采用激光传感器实现焊接过程中的焊缝跟踪，提升焊接机器人对复杂工件进行焊接的柔性和适应性。同时，结合视觉传感器离线观察获得焊缝跟踪的残余偏差，基于偏差统计获得补偿数据并进行机器人运动轨迹的修正，在各种工况下都能获得最佳的焊接质量。

4. 激光加工机器人

激光加工机器人是将机器人技术应用于激光加工中，通过高精度工业机器人实现更加柔性的激光加工作业。本系统通过示教盒进行在线操作，也可通过离线方式进行编程。该系统通过对加工工件的自动检测，产生加工件的模型，继而生成加工曲线，也可以利用 CAD 数据直接加工。激光加工机器人可用于工件的激光表面处理、打孔、焊接和模具修复等。

激光加工机器人的关键技术包括：

（1）激光加工机器人结构优化设计技术。采用大范围框架式本体结构，在增大作业范围的同时，保证机器人精度。

（2）机器人系统的误差补偿技术。针对一体化加工机器人工作空间大、精度高等要求，并结合其结构特点，采取非模型方法与基于模型方法相结合的混合机器人补偿方法，完成了几何参数误差和非几何参数误差的补偿。

（3）高精度机器人检测技术。将三坐标测量技术和机器人技术相结合，实现了机器人高精度在线测量。

（4）激光加工机器人专用语言实现技术。根据激光加工及机器人作业特点，完成激光加工机器人专用语言。

（5）网络通信和离线编程技术。具有串口、CAN 等网络通信功能，实现对机器人生产线的监控和管理，并实现上位机对机器人的离线编程控制。

5. 真空机器人

真空机器人是一种在真空环境下工作的机器人，主要应用于半导体工业中，能实现晶圆在真空腔室内的传输。真空机械手难进口、受限制、用量大、通用性强，其成为了制约半导体装备整机的研发进度和整机产品竞争力的关键部件，而国外又对中国买家严加审查，将其归属于禁运产品目录。因此，真空机械手已成为严重制约我国半导体设备整机装备制造的瓶颈问题。

直驱型真空机器人技术属于原始创新技术。

真空机器人的关键技术包括：

（1）真空机器人新构型设计技术。通过结构分析和优化设计，避开国际专利，设计新构型，满足真空机器人对刚度和伸缩比的要求。

（2）大间隙真空直驱电机技术。涉及大间隙真空直接驱动电机和高洁净直驱电机开展电机理论分析、结构设计、制作工艺、电机材料表面处理、低速大转矩控制、小型多轴驱动器等方面。

（3）真空环境下的多轴精密轴系设计。采用轴在轴中的设计方法，减小轴之间的不同心以及惯量不对称的问题。

（4）动态轨迹修正技术。通过传感器信息和机器人运动信息的融合，检测出晶圆与手指之间基准位置的偏移，通过动态修正运动轨迹，保证机器人准确地将晶圆从真空腔室中的一个工位传送到另一个工位。

（5）符合 SEMI 标准的真空机器人语言。根据真空机器人搬运要求、机器人作业特点及 SEMI 标准，完成真空机器人专用语言。

（6）可靠性系统工程技术。在 IC 制造中，设备故障会带来巨大的损失。根据半导体设备对 MCBF 的高要求，对各个部件的可靠性进行测试、评价和控制，提高机械手各个部件的可靠性，从而保证机械手满足 IC 制造的高要求。

6. 洁净机器人

洁净机器人是一种在洁净环境中使用的工业机器人。随着生产技术水平不断提高，其对生产环境的要求也日益苛刻，很多现代工业产品生产都要求在洁净环境进行，所以洁净机器人是洁净环境下生产需要的关键设备。

洁净机器人的关键技术包括：

（1）洁净润滑技术。通过采用负压抑尘结构和非挥发性润滑脂，实现对环境无颗粒污染，满足洁净要求。

（2）高速平稳控制技术。通过轨迹优化和提高关节伺服性能，实现洁净搬运的平稳性。

（3）控制器的小型化技术。根据洁净室建造和运营成本高的特点，通过控制器小型化技术减小洁净机器人的占用空间。

（4）晶圆检测技术。通过光学传感器，能够通过机器人的扫描获得卡匣中晶圆有无缺片、倾斜等信息。

附录 某企业各种设备档案表格

设 备 档 案

档案编号：

设备名称：＿＿＿＿＿＿＿＿＿＿＿

设备编号：＿＿＿＿＿＿＿＿＿＿＿

使用部门：＿＿＿＿＿＿＿＿＿＿＿

填写日期：＿＿＿＿＿＿＿＿＿＿＿

一、存档资料记录卡

编号：

设备名称		规格型号	
设备编号		生产厂家	
设备用途		外形尺寸	
制造日期		设备重量	
进厂日期		出厂编号	
使用部门		设备原值	
设备技术资料			
序号	资料名称	份数	存放处

二、设备主要技术特性

设备名称		规格型号	
设 备 结 构 特 点			
基 本 参 数			
工 作 原 理			

三、附属设备及计量仪表

序号	名称	型号	数量	生产厂家	用途	单位原值	备注

四、设备易损件清单

编号：

名称	生产厂家	型号规格	材质	数量	单位价格	备注

五、设备开箱检查验收单

编号：

设备名称		规格型号	
制造厂商		出厂年月	
参检部门		检查负责人	
外包装检查：			
设备外表检查：			
随机附件检查：			
电器检查：			
随机资料检查：			
工程设备部意见： 负责人：			
备注：			

六、设备安装情况记录

设备名称		设备型号	
安装位置		安装日期	
安装图图号		安装图存放处	
安装检查记录			
结论			
安装负责人：		检查人：	
安装单位：		使用单位：	

七、设备调试验收单

编号：

设备名称		规格型号	
生产厂家		出厂时间	
安装地点		参验部门	
调试情况记录：			
调试人：			年　月　日
试运行情况记录：			
操作者：			年　月　日
结论：			
负责人：			年　月　日
备注：			

八、设备运行情况

设备名称		规格型号	
生产厂家		设备编号	
所属部门		初次投入运行时间	

每年运行情况													
年	1月	2月	3月	4月	5月	6月	7月	8月	9月	10月	11月	12月	合计

九、设备保养维修记录

设备名称	所属岗位	保养维修内容	操作人	日期	备注

十、设备事故报告

编号:

设备名称		设备编号	
使用部门		操作/保养人	
事故发生时间		事故责任人	

事故发生原因:

事故造成损失:

事故后处理方法:

设备现运行情况:

工程设备部意见:	使用部门意见:	总经理意见:
负责人:　　年　月　日	负责人:　　年　月　日	负责人:　　年　月　日

备注: